Wolfgang Horn

Modellbahn-Elektronik

Fahrregler und Fahrstraßen

Bechtermünz Verlag

Umschlaggestaltung: Georg Lehmacher, Friedberg (Bay.)
Umschlagmotiv: M. Knaden / MIBA-Verlag, Nürnberg
Gesamtherstellung: Offizin Andersen Nexö -
ein Betrieb der INTERDRUCK Graphischer Großbetrieb GmbH
Printed in Germany
ISBN 3-8289-5356-5

Inhaltsverzeichnis

Vorwort . . . 4
1. Von Nürnberg nach Fürth . . . 6
2. Kennen Sie Fremo? . . . 9
3. Zwei Fahrregler . . . 14
4. Aufeinander abgestimmt . . . 19
5. Der Lokführer läuft mit . . . 22
6. Der Streckenregler . . . 25
7. Fahren im Block . . . 32
8. Wohin mit der Elektronik? . . . 35
9. Sicherheit beachten! . . . 39
10. Hilfsrelais . . . 41
11. Weichenantriebe . . . 47
12. Der Selbstbauservo . . . 50
13. Stoppweichen und Masseschiene . . . 57
14. Blockautomatik . . . 61
15. Anfahren und Beschleunigen . . . 67
16. Wo steht das Vorsignal? . . . 73
17. Gleisbesetztmelder . . . 75
18. Vorsicht Gegenverkehr . . . 81
19. Praktische Ergänzungen . . . 83
20. Fahrstraßen . . . 85
21. Auswahl und Voranzeige . . . 87
22. Schritt für Schritt . . . 91
23. Vertauschte Rollen . . . 96
24. Schattenbahnhof . . . 100
25. Ausfahrt – aber wie? . . . 104
26. Follow me . . . 107
27. Digitales Universalrelais . . . 111
28. Der Plusminusregler . . . 117
29. Ein Impulsfahrregler . . . 121
30. CMOS 40109 . . . 123
31. Digitale Impulserzeugung . . . 125
32. Der Universalfahrregler . . . 132
33. Computeranschluß . . . 134
34. Hardware und Software . . . 141
35. Haben Sie noch Fragen? . . . 144

Vorwort

Lieber Modelleisenbahner, wenn Sie die Bücher „Die Modellbahn 1 bis 5" gelesen haben, dann haben Sie die Grundlagen der Elektrik und Elektronik speziell für die Modelleisenbahn kennengelernt. Das Fahren beschränkte sich auf das Steuern der Lokomotiven per Trafo (analog) oder Handregler (analog bzw. digital) und das Stellen von einzelnen Weichen per Knopfdruck. Gleisabschnitte mit einer Zuordnung durch EIN- oder UM-Schalter erlaubten den Mehrzugbetrieb analoger Fahrzeuge sowohl auf dem Zweischienengleis (unsymmetrische Stromabnahme) als auch auf dem Punktkontaktgleis (symmetrische Stromabnahme). Auch die Digitalsteuerung brachte im Prinzip nur geringfügige Änderungen an den freizügigen Fahrbewegungen der Loks. Das Fahren innerhalb von Fahrstraßen mit vorbildgerechtem Stellen mehrerer Weichen und den dazugehörenden Signalen wurde dagegen nicht einmal erwähnt!
Aber eins nach dem anderen. Zunächst sollte natürlich die Handsteuerung funktionieren. Erst danach folgt der Schritt einer Teil- oder gar Vollautomatisierung. Wer anders vorgeht, der riskiert, daß bei auftretenden Fehlern u.U. die gesamte Anlage stillsteht! Nur mit einer jederzeit verfügbaren Handsteuerung läßt sich der Notbetrieb einschalten und so vielleicht auch der aufgetretene Fehler leichter aufspüren. Leider habe ich bereits diverse Modellbahnanlagen mit Problemen dieser Art kennengelernt und auch teilweise repariert. Bei ganz undurchsichtigen Fehlern half dann nur, die Anlage wieder total abzubauen.
Den Aufbau der elektrischen Anlage bestimmt die Frage: Wie soll gefahren werden? In Verbindung mit Ihren Vorstellungen sind die Rahmenbedingungen zu klären. Z.B. sagt ANALOG oder DIGITAL nichts darüber aus, wie und unter welchen Voraussetzungen ein Zug von A nach B fahren darf bzw. wie die Weichen und schließlich die Signale gestellt werden.
Lieber Leser, vielleicht sind Sie noch gar kein Modelleisenbahner und wollen nur mal in dieses Buch hineinschauen. Schon im Vorwort werden Sie dabei über eine ganze Reihe von Spezialbegriffen stolpern! Leider ist das bei einem so vielfältigen Thema wie der Modellbahn kaum zu vermeiden. Da wir uns außerdem zum Ziel gesetzt haben, die Elektrik und elektronische Steuerungskomponenten selber zu bauen, wird uns auch nichts anderes übrigbleiben, als uns mit allem vertraut zu machen. Ich glaube aber, daß Sie beim Durcharbeiten der folgenden 140 Seiten vieles als logisch nachvollziehen und so das Gezeigte sicher und mit Spaß in die Praxis umsetzen werden.
Jeder Modelleisenbahner wird immer wieder versuchen, mit seiner Anlage so nah wie möglich an das große Vorbild, die echte Eisenbahn, heranzukommen. Ob das mit den jeweiligen Schaltungen und dem Verschalten der Gleise immer erreicht werden kann, wird uns als Hauptfrage durch alle Kapitel begleiten. Daß wir den Zustand der Perfektion meist nicht erreichen werden,

hängt oft nicht nur von den Komponenten ab, sondern wird auch vom Umfeld der konzipierten Anlage und dem Betreiber bestimmt. Vielleicht sollte man einiges, was fertig angeboten wird, etwas kritischer betrachten: Nicht alles ist unbedingt nachahmenswert. Und nun viel Spaß bei den folgenden Kapiteln!

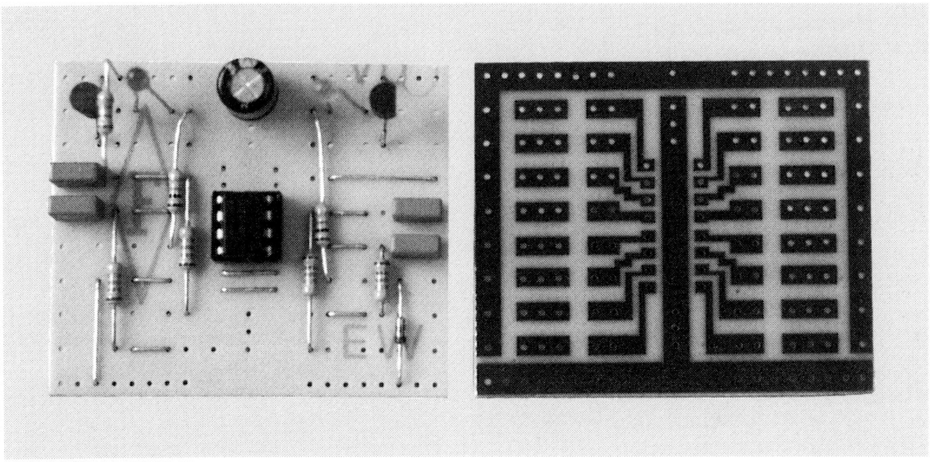

Foto 1 Follow Me auf Experimentierplatine

Wie in DIE MODELLBAHN Teil 1 bis Teil 5 lassen sich viele Schaltungen auf einer Experimentierplatine aufbauen.

1. Von Nürnberg nach Fürth

Wenn Sie an die erste Eisenbahn in Deutschland zurückdenken, dann diente diese der Verkehrsverbindung zweier Städte. Der Zug pendelte zwischen den Endpunkten und erfüllte damit seinen ursprünglichen Zweck. Weil die Eisenbahn mit wesentlich höheren Geschwindigkeiten aufwarten und viel größere Lasten befördern konnte, als es die anderen Verkehrsmittel damals vermochten, war ihr anschließender rasanter Siegeszug praktisch vorprogrammiert.
Der Spieleisenbahner beginnt oft mit einer Anfangspackung. Hier wird von jedem Hersteller ein Schienenoval beigelegt. Es geht also im Kreis herum, was nur in ganz wenigen Fällen dem Vorbild entspricht. Dem Alter des „Jungeisenbahners" entsprechend steht ja zunächst auch Spiel und Spaß im Vordergrund. Selbst wenn später aus dem Spiel dann ein Hobby wird, geht es aber in den meisten Fällen immer noch im Kreis weiter. Die Gleisanlage ist jedoch länger geworden. Und diverse Weichen, teilweise verdeckt angeordnete, nicht sofort sichtbare Abstellgleise und der Einsatz mehrerer Züge sorgen für Abwechslung. Im Vordergrund stehen bei einer solchen Anlage die Zuggarnituren, die ohne großes Zutun des Betrachters immer wieder vorbeifahren. Der eine möchte gestalten und sich beim Bau der Landschaft austoben, während andere den Schwerpunkt aufs Sammeln legen und sich an den vorbeifahrenden Modellfahrzeugen erfreuen. Hier wird kaum oder nur sehr wenig an ein vorbildgetreues Fahren gedacht – dies ist einfach kein Thema.
Trotz der eigentlich klaren Betriebsweise gibt es diverse Vorschläge von Seiten der Hersteller und vielfältige Schaltungskomponenten. Was aus dem großen Angebot ist sinnvoll einsetzbar? Läßt sich so eine Frage überhaupt beantworten?
Gehen wir nochmals zurück nach Nürnberg und Fürth. Sie können natürlich recherchieren, wie die Gleisanlagen damals wirklich ausgesehen haben. Neben der Strecke, welche die Entfernung zwischen den Städten überbrückt, sollten einige Nebengleise vorgesehen werden, um das störungsfreie Abstellen von Wagen und die Wartung der Lokomotive zu gewährleisten. Das erfordert für jedes Stichgleis eine Weiche, für jedes Parallelgleis zwei Weichen zum Umsetzen einer Tenderlok mit gleichartigen Fahreigenschaften – sowohl vorwärts als auch rückwärts; und zum Wenden des Adlers – einer Dampflok mit Schlepptender – an jedem Streckenende eine Drehscheibe. Könnten Sie sich Ihre Modellbahnanlage in dieser einfachen Form vorstellen?
Als Regalanlage wäre diese Anlagenform sogar ideal, und die Elektrik wirft kaum Probleme auf.
Solange nur eine Lok in Betrieb ist, genügt der Fahrtrafo, um alle Gleise gleichzeitig anzuschließen. Hier steht die freie Strecke im Mittelpunkt, und an jedem Ende befinden sich kleinere Bahnhofsanlagen. Fast automatisch wird jeder die Einspeisung der

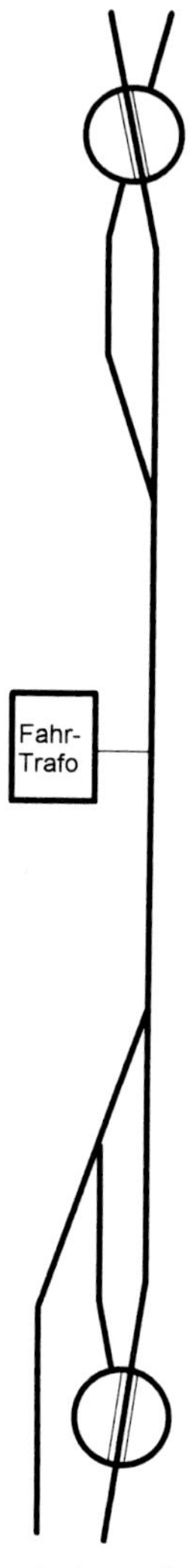

Abb. 1 Eine Regalanlage, die einfachste Modellbahnanlage, verbindet zwei Städte, Berg und Tal oder eine Industrieanlage mit dem Anschlußbahnhof.

Spannung in der Mitte der Gleise vornehmen.

Obwohl in den Anfängen der Eisenbahn Weichen und Drehscheiben von Hand gestellt wurden, wird man sich Gedanken machen über eine elektrische Fernbetätigung der Weichen ausgehend von einem Stellpult in der Nähe des Trafos. Das entspricht dann zwar nicht mehr dem Vorbild; aber schließlich gibt es beim Betrieb der kleinen Regalanlage außer dem Betreiber bzw. Lokführer kein weiteres Personal, und dieses muß verständlicherweise durch Elektrik ersetzt werden.

Es gibt natürlich auch eine Lösung, wie man trotz handgestellter Weichen und ohne ständiges Hinundherspringen direkten Zugriff auf seine Lok haben kann. Nimmt man die Lichtspannung des Trafos oder dreht man – sollte diese nicht vorhanden sein – die Fahrspannung auf Vollgas, dann läßt sich am Handregler, den Sie selber bauen, die Fahrspannung leicht einstellen. So können Sie nun ständig neben der Lok mitlaufen (natürlich nur soweit das Kabel vom Handregler reicht). Diese Art der Anlage kommt der Situation des historischen »großen« Vorbilds schon sehr nahe. Leider fehlt bei der analogen Fahrweise noch die konstante Beleuchtung an der Lok und in den Personenwagen.

Der Schritt zum Digitalsystem führt schließlich zur Perfektion in allen Bereichen. Den Eigenbau der Steuerung DIGIT 81 für Loks mit Decodern des Systems Märklin-Motorola haben wir bereits im Teil 4 der Reihe „Die Modellbahn" ausgeführt. Eine einfache Digitalsteuerung für das DCC-System LENZ (Arnold, Digitrax, LGB, Roco, Wangrow...) ist in ähnlicher Weise als Eigenbau möglich. Allerdings ist beim DCC-Decoder-Eigenbau der Mikrochip unabdingbar. Deshalb kommt für unser Thema, die Fahrstraßen, nur das Motorolasystem in Betracht, wenn es um die Anbindung an einen Computer mit Profiprogramm geht. Mit der Selbstprogrammierung eröffnet sich noch eine weitere Perspektive für den Direktanschluß.

Wer also, wie zu Beginn des Eisenbahnzeitalters, langsam mit Gleisen und Fahrzeugen anfängt, der sollte gleich DIGITAL starten. Sammler, die bereits diverse analoge Fahrzeuge ihr Eigen nennen, müssen entweder nachträglich digitalisieren oder Gleistrennungen einbauen. Darüber entscheidet nicht nur der Geldbeutel, sondern auch das eigene Können. Wer sich vor dem Strippenziehen fürchtet, wird sich eher in Richtung DIGITAL orientieren. Doch Vorsicht, ganz so einfach ist die Entscheidung nicht! Bei Spur-Z- und kleinen N-Loks ist ein Digitalumbau nicht oder nur sehr schwer möglich. Außerdem ist auch bei der digitalen Modellbahnanlage die Trennung von Gleisen mit weiteren Anschlußkabeln notwendig.

Für unsere kleine Regalanlage – mit der Stromeinspeisung in der Streckenmitte – gibt es zunächst kein Problem. Wird die Anlage jedoch später zum Abstellen von Loks durch Stichgleise erweitert, die von der Drehscheibe angefahren werden, kann es zum Kurzschluß kommen, wenn im Zweischienensystem die Drehbühne – so wie es vom Hersteller vorgeschrieben wird – mit Fahrspannung beschickt wird.

An den Weichen vor der Drehscheibe wird die Spannung auf jedes Parallelgleis verteilt. Sobald die Drehbühne nun auf ein Gleis mit anliegender Fahrspannung dreht, tritt bei einer um 180° gedrehten Bühne mit eigener Spannungsversorgung ein Kurzschluß auf. Das Wenden von Loks ist also nur durchführbar, wenn die Drehbühne durch die Schleifer an den Schienenenden die Spannung vom jeweiligen Stichgleis erhält. Deshalb muß jedes Abstellgleis eigene Stromanschlüsse erhalten. Analog sind diese Anschlüsse über je einen AUS-Schalter zu führen, während bei einer Spannungsversorgung von der Drehbühne her jedes Stichgleis automatisch bei der Positionierung Fahrspannung erhalten würde.

Selbstverständlich ist es richtig, die Fahrspannung zur Drehbühne einzuspeisen. Das Ausfahren gelingt aber nur über ein elektrisch abgetrenntes Gleisstück. Dieses kann z.B. über ein Sperrsignal mit Zugbeeinflussung bedient werden. Die Lok muß immer erst in das stromlose Gleis vorrücken, bevor die Fahrspannung zum Ausfahren eingeschaltet wird! Ist nur ein einziges Ausfahrgleis vorhanden, kann das Ein- und Ausfahren über einen Umschalter am Signal absolut bedienungssicher gemacht werden: Drehbühne und Ausfahrgleis können so nie gleichzeitig aktiv sein.

Bei mehreren Anschlußgleisen ist eine derartige Wechselschaltung natürlich nicht einsetzbar. So heißt es dann beim Fahren von der oder auf die Drehbühne immer erst STOPP, und danach wird umgeschaltet. Eine Ausnahme beim digitalen Fahren ist das System des Herstellers Digitrax. Hier wird die Drehbühne von einem zusätzlichen Digitalbooster mit Fahrspannung versorgt. Ist eine Verpolung vorhanden und kommt es zu einem Kurzschluß, dann polt der Booster automatisch um, und die Lok kann immer ohne Halt weiterfahren!

Schon bei unserem relativ einfachen Beispiel gibt es also mehrere Lösungswege. Für welchen Weg Sie sich entscheiden, das liegt ganz bei Ihnen. Übrigens ist ein Halt vor Befahren der Drehbühne durchaus vorbildgetreu.

2. Kennen Sie FREMO?

Der Freundeskreis Europäischer Modelleisenbahner betreibt Modulbau mit genormten Modulenden. Da die Mehrzahl der Mitglieder – wie viele andere Modelleisenbahner auch – daheim nicht genug Platz für eine eigene Anlage hat, finden jährlich mehrere Treffen statt, bei denen in einer angemieteten Halle aus den vielen Einzelmodulen ein großes Fahrarrangement entsteht.

Von den Modulbesitzern möchte natürlich jeder seinen eigenen Bahnhof zu Hause haben, um auch daheim wenigstens rangieren zu können. Dadurch ergeben sich beim Zusammenbau der einzelnen Module relativ geringe Fahrstrecken und viele Bahnhöfe. Das kommt allerdings der Betriebsweise sehr entgegen, denn es wird nur langsam, in eingleisigem Nebenbahnbetrieb, gefahren. Dabei läuft die gesamte Zugmannschaft – bestehend aus Lokführer, Lademeister und Begleitpersonen – immer neben dem Zug mit. Es wird beinahe wie beim großen Vorbild Betrieb gefahren.

In elektrischer Hinsicht steht jetzt der Bahnhof und nicht die Strecke im Mittelpunkt. Jedes Schaltpult besitzt eine eigene Stromversorgung, eine 5-polige DIN-Buchse zum Einstecken des Gleichstromfahrreglers, diverse Umschalter mit Mittelstellung AUS und für jedes Gleisende zwei Verbindungskabel – pro Schiene ein Kabel – zum nächsten Modul. Die Module für die Fahrstrecke zwischen zwei Bahnhöfen werden über die Verbindungskabel mit Fahrspannung versorgt. Der Bahnhofsregler versorgt die Gleissegmente des Bahnhofs und die benachbarte Strecke entsprechend den Schalterstellungen mit Fahrspannung.

Bei größeren Bahnhöfen kann die zweite EIN-Position der Z-Schalter einen zweiten, ebenfalls steckbaren Fahrregler anwählen. Damit läßt sich ein durchaus interessanter Fahrbetrieb realisieren. Jeder Zug fährt von Bahnhof zu Bahnhof, hält dort an und fährt weiter, nachdem der Lokführer seinen Handregler in die neue Position gebracht hat.

Jeder fährt auf Sicht. Die Weichen werden alle vor Ort gestellt. Der Betrieb hängt entscheidend vom richtigen Stellen der Weichen und Zuordnen der Fahrregler ab. Köpfchen und große Aufmerksamkeit sind gefragt! Zwangsläufig ergibt sich dabei eine langsamere Fahrweise. Schnellbahnen in Minutenfolge, Intercity- und ICE-Züge stehen nicht auf dem Fahrplan.

Über langsames oder schnelles Fahren läßt sich sicher immer streiten: Daß alle Beteiligten nur den Langsamfahrbetrieb und das Rangieren als seligmachend propagieren, ist wenig glaubwürdig. Natürlich erlaubt es der Schnellbahnbetrieb nicht, neben der Lok mitzurennen. Deshalb muß die entsprechende elektrische Voraussetzung (z.B. mit einer Fernsteuerung) geschaffen werden. Auch die Modulnorm für zwei Durchgangsgleise dürfte kein Problem darstellen, schon eher die bisherige Verkabelungsart. Vielleicht ließe sich bei zwei Gleisen ja einfach die Elektrik – spiegelbildlich – verdoppeln?

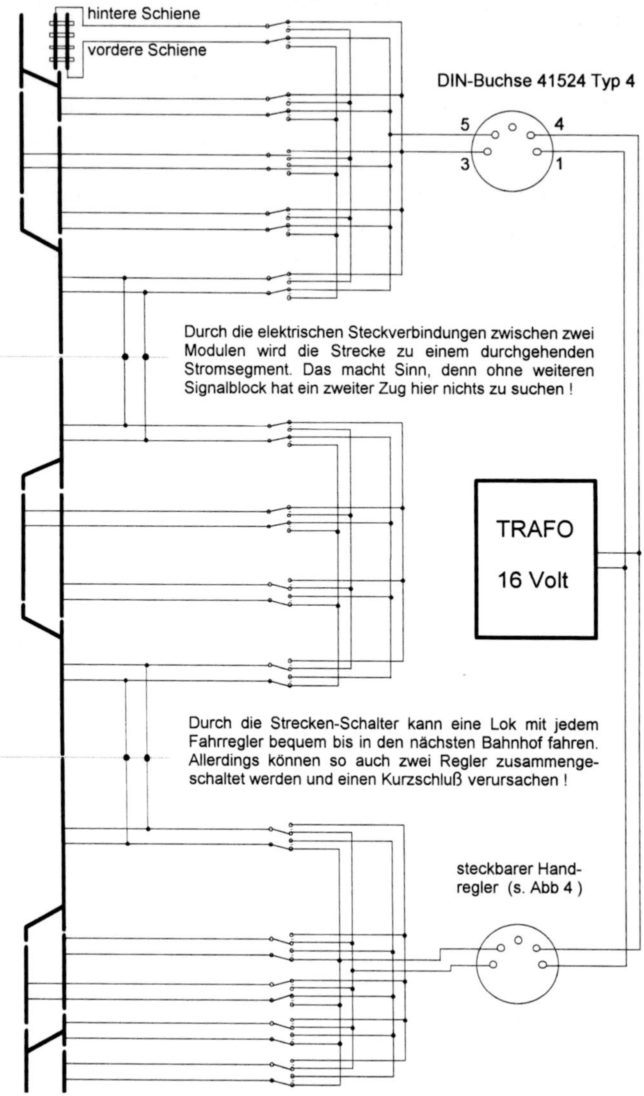

Abb. 2 FREMO-Modulverkabelung mit DIN-Buchse und Z-Schaltern

Bedingt ja, was dann aber die strikte Einhaltung von Rechtsverkehr nach sich zieht: Ein Wechsel der Gleise zur Zugüberholung ist nicht möglich, da dies den Zugriff der Regler auch auf die andere Gleishälfte voraussetzt. Rein theoretisch könnte man zwar Drehwähler mit bis zu zwölf Anschlüssen einsetzen, doch wer soll so etwas handhaben?

In Abb. 2 ist ein Teil eines möglichen FREMO-Arrangements veranschaulicht: mit zwei Endbahnhöfen und einem Bahnhof in der Mitte. Beim gleichzeitigen Einsatz zweier Züge gibt es jeweils in der Mitte eine Zugbegegnung. Die Handregler von Bahnhof A und C reichen infolge der Schalterstellungen bis in den Bahnhof B. Im mittleren Bahnhof darf kein Regler eingesteckt sein, da sonst zwei Regler gegeneinander arbeiten würden! Die je nach Weichenstellung ab Bahnhofsmitte vorhandenen Gleissegmente sind so lange stromlos, bis beide Züge diese Position erreicht haben. Bevor beide Lokführer nun zu ihrem Ausgangsbahnhof zurücklaufen, ihren Regler ausstecken und zum Zielbahnhof bringen, um danach mit ihrem Regler weiterzufahren, kann man auch ganz einfach die beiden Fahrregler tauschen. Nach dem Schalten der Weichen werden mit der entsprechenden Schalterstellung die Fahrzeuge an Fahrspannung gelegt, und es kann – mit fremdem Fahrregler – weitergehen.

Wie wir an dem Beispiel sehen, kann es bei falscher Handhabung der Reglerposition und der Schalterstellungen leicht zu einem Kurzschluß kommen. Verwendet man reine Gleichstromregler, ergibt sich durch hochtransformierte Spannungen daraus jedoch keine Gefahrenquelle für die rückwärtigen Abschnitte – Vorsicht aber ist bei angelegter Impuls- bzw. Wechselspannung geboten.

Um die Handhabung noch sicherer zu machen, wurde bei FREMO die Blindleitung eingeführt. Die Steckposition des zweiten Handreglers wird abgeschaltet und per Umschalter auf diese Zusatzleitung geschaltet oder noch einfacher, gleich direkt verkabelt. Durch diese Maßnahme ist ausgeschlossen, daß zwei Regler gegeneinander arbeiten. Voraussetzung allerdings ist, daß die Schienenenden zum nächsten Modul keinen elektrischen Kontakt haben dürfen! Schienenverbinder sind hier verboten! Das Modul erhält Spannung nur über die parallel laufenden Versorgungsleitungen. Ausgehend von zwei Seiten kann mit einer weiteren Umschaltmöglichkeit für Blindleitung „rechts" oder Blindleitung „links" die Fahrspannung eines Reglers über beliebig viele Zwischenbahnhöfe bis zum Übergabebahnhof zugeordnet werden. Das erlaubt ein Durchfahren von Bahnhöfen mit dem – sagen wir – Hauptregler, obwohl jeder Bahnhof noch über seinen eigenen Rangierregler verfügt. Das gleiche Prinzip wurde auch im Buch „Die Modellbahn 1" vorgestellt; nur gab es hier keine schaltbare Blindleitung, sondern einen zentralen Trafo oder eine für die gesamte Anlage zuständige Digitalsteuerung. So überzeugend die Blindleitung im ersten Augenblick erscheint – in der Praxis ergibt sich jedoch ein Problem: Der Handregler, der über mehrere Bahnhöfe Kontrolle hält, ist über ein langes Kabel angeschlossen. Gefährliche Stolperfallen und unliebsamer „Kabelsalat" sind fast nicht zu vermeiden. Außerdem muß der Lokführer immer dann, wenn er am Ende seiner Reglerreichweite angelangt ist, zum Ausgangspunkt zurücklaufen, um dort neu zu stecken und die Z-Schalter für die neue Fahrstrecke in Stellung zu bringen.

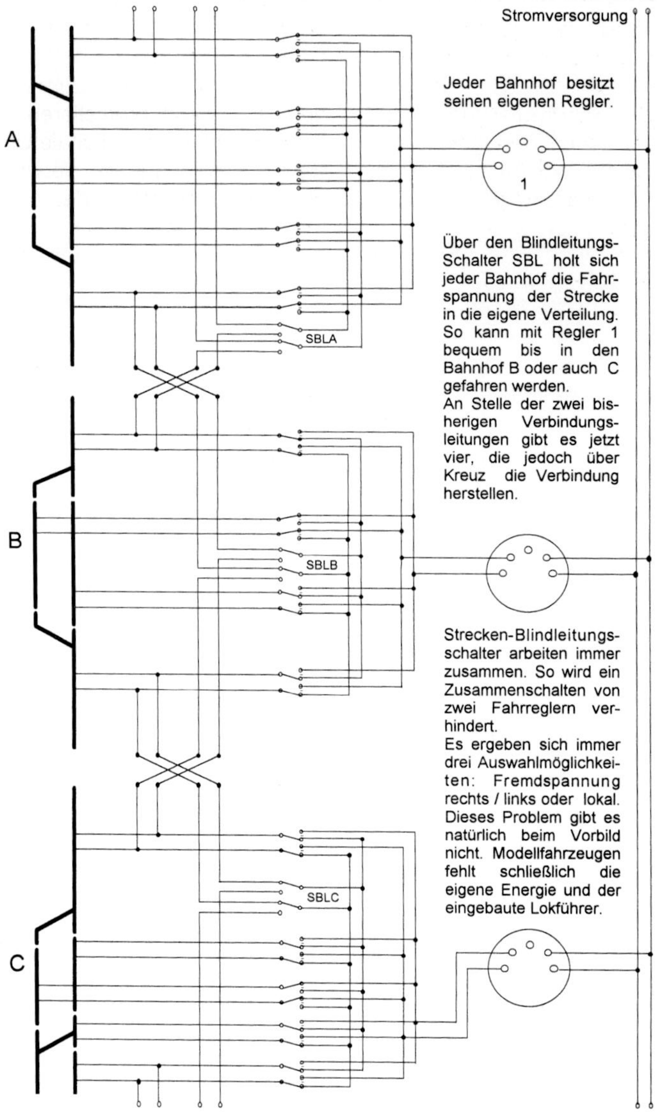

Abb. 3 FREMO – erweiterte Kabelführung mit Blindleitung

Anders stellt sich die Blindleitung dar, wenn diese nicht in Abschnitten (siehe Abb. 3) geführt, sondern als digitale Stromversorgung durch alle Module geschleift wird. Vorausgesetzt der Handregler funktioniert drahtlos oder es stehen genügend neue Steckbuchsen entlang der Anlage zur Verfügung, können digitale Loks mit dieser Variante bequem, ohne ständiges Umschalten auf der Anlage fahren. Letztere Form des Zugriffs setzt jedoch einen Datenbus voraus, der ein beliebiges Ein- und Ausstecken vieler Handregler ermöglicht. Einige FREMO-Mitglieder arbeiten an diesem Thema und haben bereits bei ihren Treffen im Jahr 1998 die ersten erfolgreichen Versuche durchgeführt. Obwohl mit diesem Arrangement der reine Eigenbau aller Komponenten kaum mehr möglich ist, stellt dieser Weg doch eine sehr interessante Lösung dar.

Alle, die schon diverse Loks besitzen, werden jetzt sofort protestieren und auf die nicht durchführbare digitale Umrüstung so vieler Triebfahrzeuge verweisen. Ihnen bleibt nur, sich mittels des analogen Ortsreglers abschnittsweise bis jeweils zum nächsten Bahnhof vorzutasten. Oder gibt es andere Optionen mit besseren Steuerungsmöglichkeiten? Natürlich gibt es diese, doch bevor wir genauer darauf eingehen, müssen zunächst der Fahrregler gebaut werden, um für die bisher gezeigten Gleisanlagen auch Fahrspannung zu erhalten (es sei denn, wir behalten den antiken Fahrtrafo bei).

Foto 2 DIN-Steckverbinder 5-polig

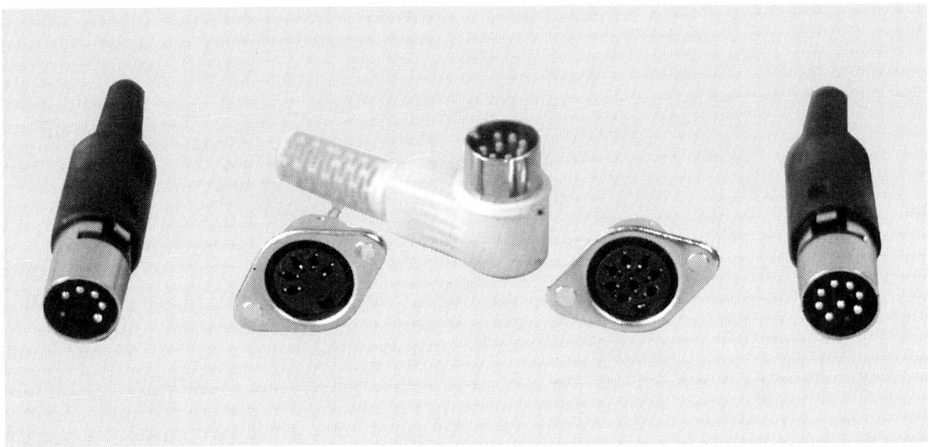

3. Zwei Fahrregler

Ein Trafo ist schwer und eignet sich daher nicht als tragbarer Handregler. Störend sind auch die unflexiblen Kabel. Ein weiterer, kaum beachteter Minuspunkt eines Trafos ist außerdem die Energiebilanz. Selbst die einfachsten Ausführungen mit 10 W (10 VA) oder 16 W können zwei H0-Loks oder drei N-Triebfahrzeuge unter Belastung in Fahrt bringen. Bei einem Trafo besteht allerdings keine Möglichkeit, die einzelnen analogen Lokomotiven beliebig mit unterschiedlichen Geschwindigkeiten und Fahrtrichtungen zu steuern. Erst ein zwischengeschalteter Elektronikschaltkreis ermöglicht das individuelle Steuern an einer gemeinsamen Energiequelle. Es gibt einige Loks mit erhöhtem Strombedarf, beleuchtete Personenzüge und Mehrfachtraktionen, bei denen sich der einfache Fahrregler als zu schwach erweist und ebenfalls ein stärkerer Trafo eingesetzt werden muß.

In Abb. 3 sind die Voraussetzungen zum variablen Anschluß mehrerer Fahrregler an einen Trafo gezeigt. Wichtig sind außerdem die richtig angeordneten Gleistrennungen. Die 5-poligen DIN-Buchsen stellen jedem Fahrregler die Versorgungsspannung bereit. Es handelt sich hierbei um eine Wechselspannung (in Europa mit 50 Hz und in den USA mit 60 Hz) von 14 oder 16 V. Der Trafo selbst sollte ein geschützter Modellbahntrafo sein! Ist dies nicht der Fall, dann muß der Betreiber unbedingt die VDE-Richtlinien einhalten und genau wissen, was er tut!

Langsames Fahren und exaktes Rangieren – wie bei den FREMO-Treffen – erfordert gute Motoren und leicht laufende Getriebe. Da leider viele der im Modellbahnladen erhältlichen Fahrzeuge aus der Serienproduktion diesen Anforderungen nur ausreichend genügen, sind oft Motorumbauten unumgänglich. Die eisenlosen Motoren – z. B. Faulhaber – haben nur unwesentliche Anlaufhemmungen und kein Rucken beim Drehen von einem Rotorsegment zum nächsten. Mit einer zusätzlichen Schwungmasse wird soviel Energie gespeichert, daß wir eine dem Vorbild entsprechende Massenträgheit erhalten und so kurze Kontaktunterbrechungen zwischen Rad und Schiene butterweich überfahren. Allerdings sollten eisenlose Motoren nicht mit Impulsfahrreglern betrieben werden. Die geringe Induktivität der Rotorwicklung läßt den fließenden Strom sofort auf seinen Höchstwert ansteigen, was einem ständigen kräftigen Anschieben mit anschließendem Ausrollen während der Impulspause entspricht. Diese Wechselbelastung führt zu einem sehr hohen Motorverschleiß und stark verkürzter Lebensdauer. Wenn wir also ein Fahrgerät selberbauen, dann sollte es reinen Gleichstrom liefern, um die Supermodellfahrzeuge auch richtig antreiben zu können. Für diese Motoren reicht die Stromstärke des Fahrreglers leicht auch für Mehrfachtraktion.

Andererseits sind natürlich nicht alle Triebfahrzeuge von Hause aus schlecht. Besonders die schräggenuteten Fünfpolmotoren (mit Eisen) zeigen sehr gute Eigenschaften, und die Lok braucht keine weitere Nachbehandlung. Hier ist vielleicht eine gewisse Hemmung beim Anfahren vorhanden – was durchaus auch am Getriebe liegen kann –, der man am besten mit einer Impulsspannung begegnet. Beide Forderungen – Gleichstrom und 100 Hz (120 Hz in USA) Impulsstrom – lassen sich mit einem sehr einfachen Fahrgerät erzeugen, das sich nur in einem einzigen Bauteil unterscheidet.

Hauptbauteil der Schaltung ist der einstellbare Spannungsregler LM 317. Früher benutzte man an seiner Stelle einen Transistor, der durch diverse weitere Bauteile angesteuert wurde. Für den LM 317 braucht man nur noch einen 240-Ohm-Widerstand und ein 5-kOhm-Poti. Der einstellbare Widerstand kann auch andere Werte haben, wenn kein Einstellbereich von ca. 1,2 V bis ca. 15 V gewünscht wird. Ein Reihenwiderstand erhöht die untere Anfangsspannung. Mit einem Parallelwiderstand kann die Höchstspannung begrenzt werden. Natürlich gehört zum Gleichspannungsregler eine Gleichrichterbrücke. Zwei Kondensatoren von 220 nF unterdrücken hochfrequente Schwingungen des Regelkreises. Der 1000-µF-Elko mit mindestens 25 V Spannungsfestigkeit wird nach dem Gleichrichter gebraucht, wenn wir mit reinem Gleichstrom fahren wollen. Lassen wir ihn weg – nur 220 nF – dann pulsiert die Eingangsspannung am LM 317 mit der doppelten Netzfrequenz. Die sinusförmi-

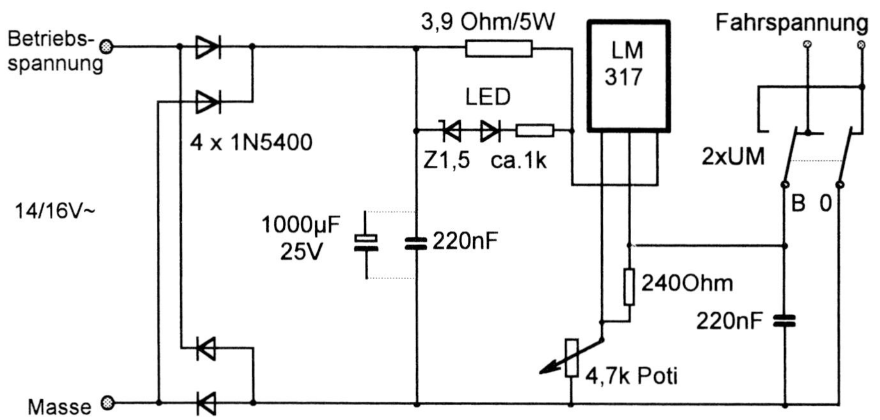

Abb. 4a Pulsregler mit LM 317 – einfacher geht es kaum

gen positiven Spannungsbäuche werden vom LM 317 in der Höhe je nach Potistellung begrenzt. Es handelt sich somit nicht um harte Rechteckimpulse, sondern um eine in etwa trapezförmige Spannungsform.
Ein Nachteil des Plusreglers ist die bei jedem Längswiderstand auftretende Verlustwärme. Den Vorteil der einfachen Schaltung mit den wenigen preiswerten Bauteilen müssen wir uns mit einem entsprechend großen Kühlkörper erkaufen! Allerdings ist der Kühlkörper nicht so riesig, daß wir die fertig bestückte Platine nicht mehr in das preiswerteste Gehäuse (Halbschalengehäuse 123 x 40 x 70) hineinbekommen.
Der LM 317 hat eine interne elektronische Kurzschlußsicherung. Trotzdem erhält der Spannungsregler mit dem zusätzlichen Längswiderstand von ca. 4 Ohm einen weiteren Schutz. Da ja bei den einzeln zu steuernden Fahrzeugen normal nur Ströme von höchstens 500 mA zu erwarten sind, kommen wir bei einem maximalen Ausgangsstrom von ca. 1 A noch auf die nach NEM geforderte Fahrspannung von 12 V. Das reicht dann auch mal für Loks mit etwas höherem Strombedarf. Den Spannungsabfall am 4 Ohm-Widerstand nutzen wir für eine optische Überstromanzeige mit einer LED. Das ist sinnvoll, denn ohne Amperemeter hätten wir sonst keinen Hinweis auf den fließenden Strom. Die Zenerdiode bestimmt den Beginn des Leuchtens bei genügend hohem Spannungsabfall erst beim Erreichen von Strömen über 1 Ampere. Der Rled bestimmt die Leuchtintensität. Er ist auf die jeweilige LED abzustimmen. Leuchtet die LED beim Betrieb mit nur einer Lok auf, dann kann man auf einen defekten Motor schließen (bei den Spurweiten 1 und G sind solche Ströme allerdings normal).
Ein gewissenhafter Modelleisenbahner, der seine Lokomotiven richtig warten will, sollte an Stelle der 4 Ohm hier ein Amperemeter (Meßbereich 1 A) einbauen. Es ist durchaus sinnvoll, sich die Stromwerte aller Loks aufzuschreiben und einmal im Jahr zu kontrollieren. Wird der Stromverbrauch größer, dann sind die austauschbaren Kohlen fällig, oder der Kommutator muß gesäubert werden. Haben die Kohlen einmal etwas Schmieröl abbekommen, dann bildet sich an den Zwischenräumen ein Graphitbelag, der gut leitet und den Strom am Motor vorbei (Nebenschluß) fließen läßt. Mancher Motor ist dadurch schon in Rauch aufgegangen ! Bei digitalen Gleichstrommotoren bedeutet so eine Nachlässigkeit sogar den Verlust des Decoders.
Verfügt die zentrale Spannungsversorgung der DIN-Buchsen über ausreichend Leistung – z.B. den max. zulässigen Strom von 3 A –, kann in einem Reglerbereich durchaus ein Kurzschluß auftreten, ohne Rückwirkungen auf die anderen Fahrstromkreise zu haben!
Da der LM 317 nur positive Spannung regeln kann, wird für das Rückwärtsfahren analoger Gleichstromloks ein Polwendeschalter eingesetzt. Umgebaute Allstromloks – Märklinloks mit Richtungsdioden – lassen sich dann mit unserem Plusfahrregler ebenfalls betreiben. Viele neue Märklinloks haben aber bereits einen Gleichstrommotor. Sie sind nach Ausbau der Richtungselektronik über Skischleifer und Punktkontakt oder Oberleitung wie die Loks des Zweischienensystems mit Gleichspannung fahrbar. Das ist wichtig zu wissen, denn der LM 317 kann auch digital angesteuert werden. Er eignet sich somit als Bin-

deglied zwischen Computer, Spezialinterface, Fahrstraßenelektronik, Blockelektronik und Modellbahnanlage für alle Fahrzeuge.
Die Platine wurde großzügig gestaltet, damit auch im Löten ungeübte Modelleisenbahner diese wichtige Schaltung selber bauen können. Es gibt keine eng an eng liegenden Lötpunkte, an die man kaum herankommt und wo die Gefahr besteht, alle Leiterbahnen miteinander zu verbinden. Ein Hinweis ist vielleicht wichtig. Gegenüber den normalen Bauteilen wie Widerständen, Kondensatoren und IC-Sockeln, bei denen man mit einem 16 W Lötkolben auskommt, sind hier Dioden mit dicken Anschlußdrähten einzusetzen. Ein 30 W Lötkolben liefert ausreichend viel Wärme. In Verbindung mit frischem Lötzinn (mit Flußmittelseele) sollte der Zusammenbau problemlos durchzuführen sein.
Die Schaltung – dann mit 2200-µF-Elko und ohne Längswiderstand – kann man auch als Netzgerät für Festspannungen nutzen. Mehrere freie Lötpunkte ermöglichen das Kombinieren unterschiedlicher Widerstandswerte, um den gewünschten Spannungsbereich erreichen zu können (Rmin / Rmax).

STÜCKLISTEN :

IMPULSFAHRGERÄT:

1 Platine	Plusregler
4 Dioden	1N 5400
1 Spannungsregler	LM 317 + Kühlkörper
1 Widerstand	3,9 Ohm/5 W
1 Widerstand	240 Ohm/0,25 W
1 POTI	4,7 kOhm/linear
1 Kippschalter	2 x UM
2 Kondensatoren	220 nF/63 V
1 Widerstand	ca. 1 kOhm/0,25W
1 LED	5 mm ROT (20mA)
1 Zenerdiode	1,5 V/300 mW

GLEICHSPANNUNGSFAHRGERÄT:

1 Platine	Plusregler
4 Dioden	1N 5400
1 Spannungsregler	LM 317 + Kühlkörper
1 Widerstand	3,9 Ohm/5 W
1 Widerstand	240 Ohm/0,25 W
1 POTI	4,7 kOhm/linear
1 Kippschalter	2 x UM
1 Kondensator	220 nF/63 V
1 Elko	1000 µF/25 V
1 Widerstand	ca. 1 kOhm/0,25W
1 LED	5 mm ROT (20mA)
1 Zenerdiode	1,5 V/300 mW

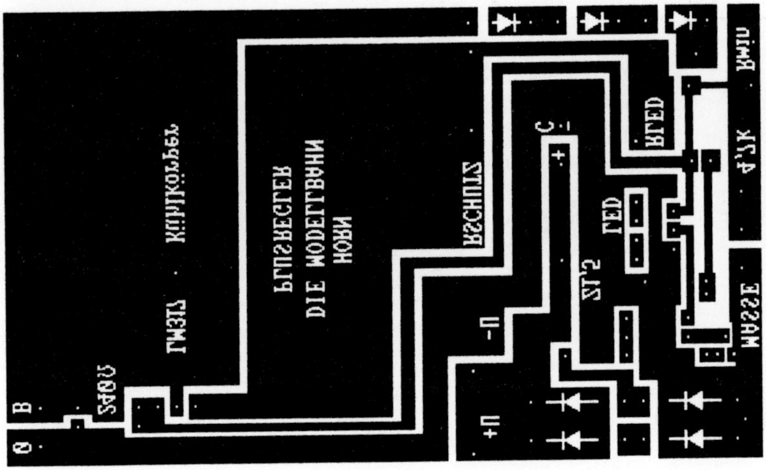

Abb. 4b Ätzvorlage Plusregler

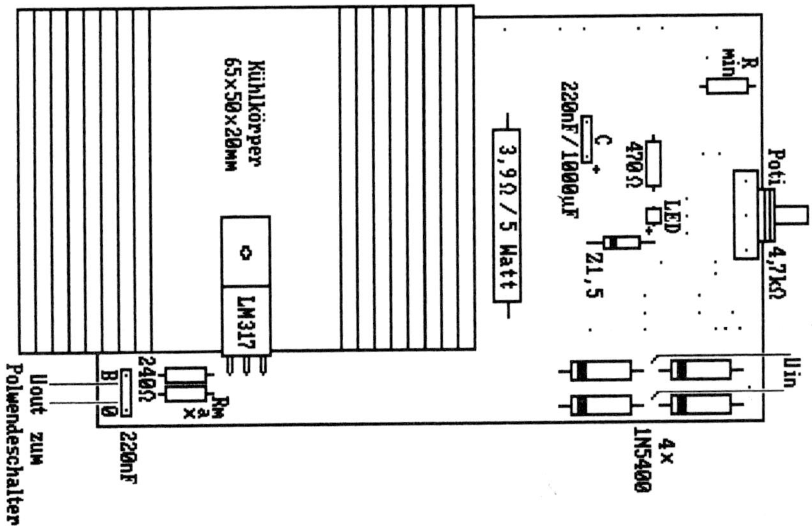

Abb. 4c Plusregler Bestückungsansicht

4. Aufeinander abgestimmt

Fast alle Modelleisenbahner fahren zunächst einmal mit dem Fahrtrafo. Hier ist – wie beim eben gezeigten Fahrregler – ein fester Spannungsbereich zwischen Umin und Umax (1,2 V bis z.B. 15 V) nutzbar. Diese Spannungsquelle wird für alle Loks eingesetzt, wobei die Triebfahrzeuge ein sehr unterschiedliches Fahrverhalten aufweisen. Die auf dem Trafo angegebene Geschwindigkeitsskala ist frei erfunden. Daß ein eingestellter Wert mit der tatsächlichen Geschwindigkeit übereinstimmt, wäre rein zufällig. Besonders markant sind die Unterschiede beim Anfahren.

Natürlich ist ein möglichst frühes Anfahren und eine gleichmäßige Schleichfahrt ohne Ruckeln anzustreben. Hier zeigt sich die Güte des Motors und die Qualität des Getriebes. Gleichzeitig sollte bei 12 V Fahrspannung die Höchstgeschwindigkeit erreicht werden!

Ein Thema, das in Verbindung mit dem Trafo gänzlich zu kurz kommt, ist der Strombedarf. Für kleine Spurweiten bis NULL oder auch S ist bei einem 30-VA-Trafo Strom natürlich kein Thema. Man hat schließlich genug davon. Ein elektronischer Fahrregler steht immer in Verbindung mit einer bestimmten Stromstärke, für die bei der Konstruktion ein maximaler Grenzwert festgelegt wurde. Ein Überschreiten von Imax ist technisch unmöglich. Der Regler wird immer durch Absenken der Fahrspannung dem Überstrom entgegenwirken.

Was bei allen Modellbahnloks gänzlich unüblich, aber sehr wichtig ist, ist die kontrollierte Stromaufnahme. Wird ein langsamer, ständiger Stromanstieg bei gleichen Betriebsbedingungen beobachtet, weist das auf die Abnutzung der Kohlen und den Verschleiß der Getriebe und Lager hin. Rechtzeitige Wartung kann hier Schlimmeres verhindern!

Jeder Modelleisenbahner sollte daher über einen Testfahrregler mit Volt- und Amperemeter verfügen. Noch besser wäre dann die Überwachung der gemessenen Stromwerte in einer Computer-Sammeldatei!

Der Spannungsbereich des Testreglers liegt zwischen 0 und 16 V und ist mehr als ausreichend auch zum Fahren mit Höchstgeschwindigkeiten. Er wird zur Kontrolle aller Loks eingesetzt.

Ein Handregler mit Normstecker zum Mitlaufen (WAC – Walk Around Control) sollte dagegen nur für eine bestimmte Lok zuständig sein. Mit Rmin (Trennen der darunterliegenden Leiterbahn) und Rmax kann die Fahrspannung genau dem Fahrzeug angepaßt werden. Der Fahrbereich wird so auf die gesamten 270° des Drehpotis aufgeteilt. Da jetzt eine feste Relation zwischen Fahrgerät und Lok besteht, kann sogar der Geschwindigkeitsbereich – nach einmaligem Einmessen – fest als Skala auf dem Handregler hinterlegt werden. Wer jetzt wirklichkeitsgetreu mit 40 km/h über eine ablenkende Weiche in einen Bahnhof einfahren will, der kann das nun durch den zur Lok passenden Regler auch einhalten.

Nicht nur die Anzahl und die Plazierung der Nieten (Länge, Höhe, Beschriftung...)

sollte der richtige Modelleisenbahner mit dem Ehrgeiz der Vorbildtreue verfolgen. Auch das Fahren mit der richtigen Geschwindigkeit gehört dazu. Weiter anzustreben ist die konstante Stirn- und Schlußbeleuchtung bzw. Innenbeleuchtung von Personenwagen. Im Digitalsystem gehören diese Punkte inzwischen zum Standard. Aber auch bei einer analogen Lok ist so etwas mit dem passenden Fahrregler möglich!

Und was ist mit der eben erwähnten niedrigen Anlaufspannung? Spricht die nicht dagegen? Durchaus nicht, alles ist relativ ! Die Anlaufspannung am Motor soll zwar korrekterweise möglichst niedrig sein, aber die Fahrspannung kann durchaus höher liegen, wenn wir den Motor ohne Leistungsverlust erst später anlaufen lassen. Mit einer höheren Spannung leuchten die Lämpchen schon hell, während die Lok eben noch steht. Mit antiparallelen Diodenpaaren, die zum Motor in Reihe geschaltet sind, haben wir ein einfaches Mittel an der Hand, einen Motor erst bei höherer Fahrspannung anlaufen zu lassen. Legen wir z. B. die Spannung auf 6 V, dann werden wir bei einem Faulhabermotor acht Diodenpaare benötigen, um die Motordrehung noch zu gewährleisten. Ein schräggenuteter 5-Pol-Motor braucht sechs bis acht Dioden, während wir beim Allstrommotor u.U. mit nur zwei Dioden auskommen, die ohnehin für die Anschaltung der Feldwicklungen erforderlich sind.

Beim Auswählen eines passenden 6-V-Lämpchens ist auf eine geringe Stromaufnahme zu achten (ca. 40 mA). Insgesamt wird unsere Betriebsspannung nun zwangsläufig ansteigen. Während sie zuvor ca. 2 bis 12 V betrug, kommen jetzt 6 bis 16 V zustande. Damit unser Lämpchen nicht durchbrennt, muß die Lampenspannung mit einem Spannungsregler nach oben begrenzt werden (µA 7806, LM 317 oder GKM aus Teil 3 der vorangegangenen Buchreihe „Die Modellbahn“).

Geringe Lampenströme müssen deswegen beachtet werden, weil der Spannungsregler – wie jeder Längswiderstand – die überschüssige Energie in Wärme umwandelt. Unter 50 mA ist z. B. am µA 7806 noch keine Vergrößerung der vorhandenen Kühlfahne notwendig.

Bei der Montage ist die Spannungsdifferenz zwischen blanken Metallteilen und die daraus resultierende Kurzschlußgefahr für die Bauteile zu berücksichtigen.

Eine andere Anwendung bei höhergelegter Fahrspannung ist ein mit Unterspannung betriebener Servo. Der abgestimmte Fahrregler wird bei Poti-Anschlag NULL durch Rmin auf 6 V eingestellt. Am LM 317 entspricht das etwa 1 kOhm. Drücken wir jetzt eine Taste, mit der Rmin durch Parallelschalten eines weiteren Widerstandes (4,7 kOhm oder 2,7 kOhm) verkleinert wird, dann erzeugen wir so eine Spannung von weniger als 5 V. Ein Kleinstmotor mit dem Arbeitsbereich 5 V kann jetzt anlaufen und bei einer entsprechend hohen Getriebeuntersetzung eine Servomechanik antreiben. Anwendungsbereiche gibt es viele: z. B. das Heben und Senken eines Phantografens oder eines Entkupplungsbleches direkt am Fahrzeug oder am Wagen. Da die Märklin Entkupplungsmagnete bei 4 V noch keine Anziehungskraft ausüben, wird hier der Lösungsweg per Getriebemotor gewählt.

Der Umbau zur ferngesteuerten Rangierlok wurde an einer Fleischmann V 60 vorgenommen. Die Lok wurde mit einem Faulhaberantrieb mit Schwungmasse bestückt. Das machte den Bau eines Servoantriebes

einfacher als beim Originalmotor (der prinzipielle Aufbau des Getriebes kommt in ähnlicher Form später nochmals beim Weichenservo vor).
In der Lok wurden Zahnräder mit Modul 0,2 und 0,3 verwendet. Die mechanische Bewegung wird durch einen Exenter erreicht, der auf dem letzten und langsamsten Zahnrad sitzt. Er greift in einen Schieber mit Langloch und bewegt diesen pro Zahnradumdrehung einmal hin und her. Der Schieber selbst stößt gegen Winkelbleche, die dann den Entkupplungsbügel eines angehängten Wagens anheben. Bei der Steuerung wurde auf Endkontakte verzichtet. Der Servo dreht solange, wie Unterspannung am Fahrregler erzeugt wird.
Für einen Nachbau fehlt jetzt nur noch die Kontrollelektronik, die beim Erreichen der Stopp-Spannung – zwischen 5 V und 6 V – den Servomotor abschaltet.
Damit kein Unterschied zwischen Vor- und Rückwärtsbewegung auftritt, sorgt zunächst eine Graetz-Brücke für die Gleichrichtung der Fahrspannungspolarität, die ja mit der Fahrtrichtung wechselt. Der Darlingtontransistor mit Basiswiderstand treibt den Servomotor solange an, bis die Spannung durch die Zenerdiode bricht und der vorgeschaltete Transistor die Basis des BD 680 auf (interne) Masse zieht.
Die Komponenten lassen den Betrieb auch starker Servomotoren – z. B. für große Spuren bei größeren Kräften – zu.
Die Miniplatine ist zum Auflöten (ohne Bohrungen) der Teile auf der Lötseite entwickelt worden. So ergibt sich eine äußerst flache Bauform, die in das Dach eines Führerhauses paßt. In gleicher Anordnung können die Bauteile auch ohne Platine auf einer Pappe durch Verlöten der Anschlußdrähte zusammengefügt werden.

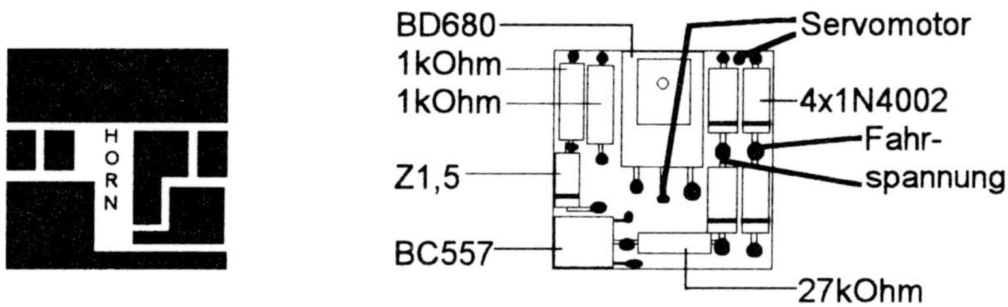

Abb. 5 Ätzvorlage und Bestückungsansicht für eine Unterspannungselektronik

5. Der Lokführer läuft mit

Erinnern Sie sich noch an Abb. 2 und 3? Die 5-polige DIN-Buchse leitet die Versorgungsspannung an den Fahrregler, der wiederum die fertige Fahrspannung über die Steckverbindung ans Gleis weitergibt. Bei ca. 1 m Kabellänge erlaubt der Fahrregler im gesamten Bahnhofsbereich den exakten Zugriff auf die Lok. Das Stellpult mit den Zuordnungsschaltern und Weichentastern ist gleichzeitig erreichbar. Wollen wir nun auf Strecke gehen und neben der Lok mitlaufen, dann sollten wir den Regler ausstecken können und entlang der Strecke weitere DIN-Buchsen zum Wiedereinstecken des Reglers vorfinden.
Leider läßt sich die Theorie so nicht in die Praxis umsetzen. Wird der Regler ausgesteckt, dann ist damit die Stromzuführung unterbrochen, und die Lok bleibt sofort stehen. Was für die Kontrolle der Bahnhöfe praktikabel ist, läßt sich so nicht immer auf die Fahrstreckensituation übertragen. Die freie Strecke – Ausfahrt des ersten bis zur Einfahrt des zweiten Bahnhofs – erfordert einen anderen Reglertyp. Weiter muß in Betracht gezogen werden, ob die Strecke, die der neue Fahrregler bedienen soll, noch weiterführt.
Nennen wir den neuen Regler STRECKENREGLER. Er wird dauerhaft auf Streckenmitte in eine 5-polige DIN-Buchse eingesteckt. Und natürlich ist er PIN-kompatibel, zeigt also die gleiche Stiftbelegung wie der bisherige Handregler, der prinzipiell über die Streckenbuchse den gleichen Strombereich mit Fahrspannung versorgen könnte. Der Streckenregler besitzt keinen von Hand einstellbaren Widerstand. Nach dem Einschalten der Betriebsspannung zeigt und behält er zunächst Nullstellung.
Zum Fahren benötigt der Streckenregler mindestens eine Steuerleitung, was eine weitere Überlegung notwendig macht: Wollen wir ein einfaches System mit möglichst wenig Elektronik – das bedeutet meist mehr Drähte – oder ist eher Bedienkomfort gefragt? Nicht zu vergessen – ist ein späterer Umstieg auf ein Digitalsystem problemlos möglich?
Grundlage für ein erweitertes und universeller nutzbares Modellbahnsteuerungskonzept kann nur die 8-polige DIN-Buchse sein, bei der die bisherige Stiftbelegung 1, 3, 4 und 5 erhalten bleibt. Der einfache Handregler kann eingestöpselt werden. Dabei bleiben vier Leitungen ungenutzt. Mit diesen zusätzlichen Verbindungen kann der neue Streckenregler – soweit die Leitungen verlegt sind – fernbedient werden. Weiter brauchen wir eine Masseleitung. Das muß kein zusätzlicher Draht sein, eine der Energieleitungen – der Stift 1 – wird als Anlagen-Masse festgelegt. Da die Gleise im FREMO-System aus beidseitig isolierten Schienenstücken bestehen, ist eine durchlaufende Masse nur bei der Stromeinspeisung möglich. Mit angeschlossen am PIN1/Masse wird jedes Metallgehäuse der Buchsen. Man erhält so, z.B. zur Spannungsmessung, viele Referenzpunkte, an denen eine Krokodilklemme angeklemmt werden kann.

Hat Stift 6 Massekontakt, beschleunigt der Streckenregler. Führt PIN7 Masse, wird gebremst. Über Verbindung 8 kann die Fahrtrichtung geändert werden.
Diese Verkabelung ist bei fest installierten Modellbahnanlagen schnell eingebaut. Bei Modulen sind an den Enden zusätzlich Steckverbinder mit jetzt mehr als vier Kabeln (bisher zwei Gleiskabel plus zwei Blindleitungen) notwendig. In Frage kommt hierfür die 21-polige SCART-Verbindung aus der Unterhaltungselektronik.
Die Steckverbindung ist preiswert, hält 3 A Strom aus und kann auch von weniger geübten Modelleisenbahnern bearbeitet werden.
Mit den neugeschaffenen Grundlagen kehren wir wieder zurück zum Streckenregler. Seit dem Einschalten steht er immer noch auf NULL. Um aus Bahnhof A ausfahren zu können, muß der Stift 6 des Streckenreglers gegen Masse geschaltet werden. Die Leitung 6 muß zwangsläufig von der Buchse des Streckenreglers bis zu einer anderen Buchse in der Nähe des Ausfahrsignals von Bahnhof A führen. Ein spezieller Geber – bestehend aus zwei Tasten und einem Einschalter – erzeugt die notwendigen Schaltpegel. Solange der Befehl SCHNELLER anliegt, zählt ein Binärzähler aufwärts. Der Zählerausgang steuert mit Hilfe weiterer Transistoren über eine spezielle Widerstandskombination den LM 317. Der Zähler kann bis 63 zählen. Mit jeder Erhöhung steigt die Fahrspannung um eine Stufe, wobei sich die Spannung generell zwischen den Grenzen Umin und Umax bewegt. Gebremst wird durch Anlegen von Masse am PIN7. Jetzt zählt der Binärzähler abwärts.
Nach der Ausfahrt aus Bahnhof A wird zunächst auf die gewünschte Geschwindigkeit beschleunigt. Die Taste wird losge-

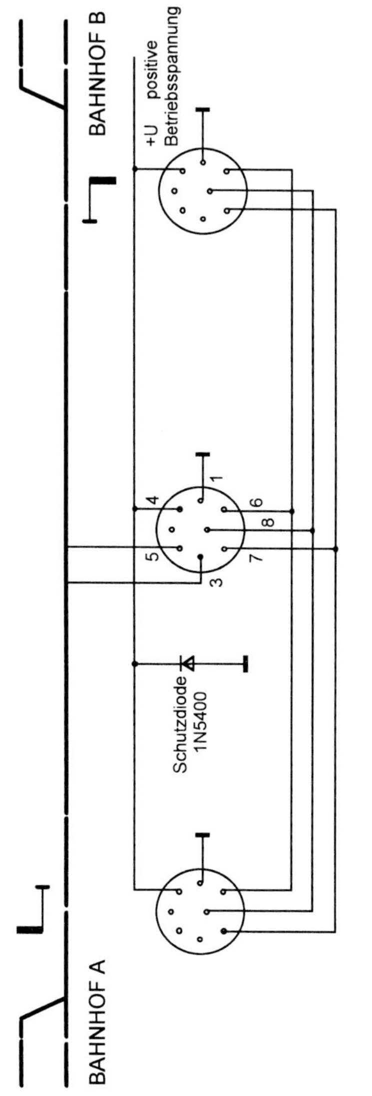

Abb. 6 Freie Strecke mit DIN-Buchse 8-polig

lassen. Der Zähler bleibt auf dem erreichten Wert stehen, und der Zug entfernt sich mit jetzt konstanter Geschwindigkeit. Wir stecken den Regler aus und laufen zum Bahnhof B. Der Zug fährt mit gespeicherter Geschwindigkeit weiter. Sobald wir aber unseren Geber in die Buchse am Bahnhof B, die natürlich auch mit den Leitungen 6, 7 und 8 verbunden ist, einstöpseln, erlangen wir sofort wieder Kontrolle über den Zug. Legen wir Leitung 7 an Masse, wird abgebremst. Zeigt das Einfahrsignal ROT, so können wir unseren Zug vor Ort am Signal anhalten — ganz dem »großen« Vorbild entsprechend.

Erreicht der Zug schon vor dem Lokführer das Einfahrsignal, dann muß die Lok an einem stromlosen Gleisstück am Signal abrupt anhalten. Ist der Bahnhof nach dem bisher gezeigten Schema elektrisch verkabelt, wird der zuständige Z-Schalter auf STOPP stehen und damit diese Funktion erfüllen. Das Anhalten mittels einer Zwangsbremsung ist vergleichbar mit dem Halten durch Indusi. Wurde dagegen sanft gebremst, dann dürfte die Lok mit minimaler Geschwindigkeit in den spannungslosen Stoppbereich einfahren und anhalten. Um weiterzufahren, muß der Z-Schalter auf den internen Bahnhofsregler gestellt werden. Die Lok wechselt den Regler und fährt auf seinem Zielgleis in Bahnhof B ein, sobald das Einfahrsignal dies erlaubt.

Damit sind wir bei einer Technik angelangt, die in der gleichen Form auch mit mehreren Trafos schon angewandt wurde. Der einzige Vorteil ist jetzt das Kabel, das bis zum Geber führt und die mehrfach vorhandenen Steckmöglichkeiten bei langer Fahrstrecke zwischen den Bahnhöfen aufweist. Eine wirkliche Verbesserung erhalten wir erst, wenn es uns gelingt, mit dem Streckenregler – bei grünem Signal ohne die Spannungsdifferenz zweier Regler – bis zum Zielgleis im Bahnhof durchzufahren und anschließend von dort mit dem nächsten Streckenregler weiterzufahren.

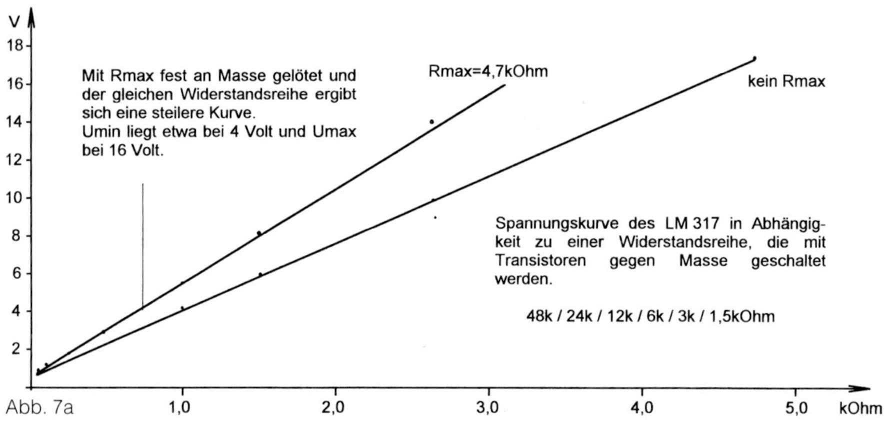

Abb. 7a

6. Der Streckenregler

Die Schaltung des Streckenreglers basiert auf dem bisherigen tragbaren Fahrregler. Der einstellbare Widerstand wird jetzt durch sechs Festwiderstände ersetzt, die je nach Zählerstellung durch Transistoren eines ULN 2003 auf Masse gezogen werden. Zwischen Zähler und Widerstandstreiber ist zusätzlich je eine Umkehrstufe erforderlich, ansonsten gibt der LM 317 bei Nullstellung des Zählers maximale Spannung ab.

Wenn wir die Spannungskurve betrachten, dann sehen wir, daß sich die Ausgangsspannung zwischen 1 und 18 V und der Widerstandswert sich zwischen 27 Ohm und 5 kOhm bewegt. Die Ausgangsspannung verhält sich linear zum Justagewiderstand am LM 317. Durch die Ansteuerung per Binärzähler und Parallelschaltung von Widerständen erfolgt die Abstufung jedoch in ständig wachsenden Schrittweiten. Im unteren Fahrspannungsbereich liegen diese eng beieinander. Damit ist ein fein abgestimmtes Anfahren und Beschleunigen mit jeder Lok möglich.

Der Streckenregler versorgt alle Loks. Der Spannungsbereich muß daher ausreichend groß sein. Nach oben ist jederzeit problemlos eine generelle Begrenzung der Fahrspannung durch den zusätzlich parallel liegenden Rmax möglich. Bei Spur Z ist z. B. ein 2,7 kOhm Widerstand zu empfehlen, der die Höchstspannung auf etwa 10 V begrenzt. Der untere Spannungswert wird dabei leicht verringert. Generell wird aber die Anfangsspannung durch die Wahl der Parallelwiderstände bestimmt. Beginnen wir mit 1,5 kOhm, dann erhalten wir – wenn alle Stufen bei Zählerstellung NULL parallelgeschaltet sind – ca. 0,75 kOhm und etwa 4 V. Starten wir die Reihe mit 1 kOhm, werden bei NULL etwa die Werte 0,5 kOhm und 3 V erreicht.

Die verwendeten Widerstände mit 10%iger Toleranz lassen eigentlich starke Abweichungen von der Spannungskurve (Zählerschritt zur Ausgangsspannung) erwarten. Dies wurde in der Praxis allerdings nicht bestätigt. Sollte trotzdem bei kontinuierlicher Zählererhöhung der nächste Spannungswert unter dem vorangegangenen liegen – immer beim Wechsel von Parallelschaltung auf den nächsten Einzelwiderstand z. B. 7 nach 8, 15 nach 16 oder 31 nach 32 –, dann ist der Ohmwert zu klein. Es kann ein passender Wert ausgemessen werden oder eine Reihenschaltung erfolgen. Ist der Spannungssprung zu groß, ist der Ohmwert zu groß.

Wer konstant große Spannungssprünge erzielen möchte, muß den Binärzähler ausdecodieren, wobei immer nur ein Ausgang aktiv ist, und ausgesuchte Einzelwiderstände verwenden. Auch ein digitales Potentiometer würde in Frage kommen. Hier kann jedoch der Wert dann nicht in Byteform vom PC vorgegeben werden, so daß diese Schaltung nicht universell einsetzbar ist.

Bei der digital bzw. per Computerprogramm gesteuerten Anlage gewährt diese Schaltung noch eine zusätzliche Option: Von den acht Bits, die uns ein Byte zur Verfügung stellt, haben wir bisher nur sechs benutzt; Bit 8 benötigen wir noch für die Wahl der Fahrtrichtung – jetzt per Kippschalter; verbleibt uns also noch die Option einer Langsamfahrstufe durch erneutes Parallelschalten eines Widerstandes.

Wer sich für einen Normalbereich zwischen 4 und 16 V entschieden hat, kann mit zusätzlichen 1,5 kOhm auf etwa 3 bis 8 V oder mit 0,75 kOhm auf 2 bis 4 V umschalten. Computergesteuert lassen sich beide Bereiche blitzschnell anwählen. Wann immer im unteren Gang angefahren wird und ein passender programmierter Wert im zweiten Gang die Fahrstufen nahtlos nach oben fortsetzt, steht so der optimale Bereich zur Verfügung. Die Widerstandsreihe beginnt dann mit 3 kOhm (6, 12, 24, 48 und 96 kOhm). Der erste Gang wird mit zusätzlichen 1,6 kOhm oder 1,8 kOhm erzeugt. Ohne PC muß die Auswahl am Streckenregler per Schalter erfolgen. Am WAC-Geber selbst ist keine Schaltmöglichkeit vorgesehen, da wir dazu weitere Steuerleitungen benötigen und den Schaltzustand elektronisch speichern müßten.

Als nächstes steht die Fahrtrichtung im Mittelpunkt. Diese muß jederzeit und direkt fernsteuerbar sein und beim Ausstecken des Gebers im Streckenregler gespeichert bleiben. Der zweipolige Umschalter des Handreglers ist beim Streckenregler durch ein Relais ersetzt. Die Betriebsspannung ist der Versorgungsspannung des Reglers angepaßt und beträgt 18 bzw. 24 V. Das Speicherflipflop zur Relaissteuerung muß mit dieser Spannung zurechtkommen und ist daher aus Transistoren aufgebaut.

Das Relais zieht in seiner Grundfunktion durch einen Schaltkontakt Masse an. Ohne Flipflop fällt es beim Öffnen des Schalters wieder ab. Das ermöglicht eine einfache Richtungssteuerung, wenn nur von einem einzigen Schaltpult aus gesteuert wird. Bei zwei Schaltpulten (je ein Bahnhof rechts und links der Strecke) kann dies dann eine Wechselschaltung sein. Beim Flipflop dagegen wird durch Massepegel eingeschaltet und durch +U wieder ausgeschaltet. Eine Leitung mit Tristatepegel (Masse/offen/Plus), die der Geber aus den Anschlüssen der DIN-Buchsen bezieht, ist also völlig ausreichend.

Die Zählerelektronik arbeitet mit +5 V. Ein µA 7805 zweigt diese von der Versorgungsspannung ab. Der Einschaltlöschimpuls am CMOS 4093.11 setzt beide Zähler (CMOS 40193) immer nach dem Einschalten auf Null. Zwei Schwingungserzeuger 4093.10 und 4093.3 sorgen für das Aufwärtszählen (Beschleunigen) und Abwärtszählen (Bremsen), sobald die Eingänge von den Pulldown-Transistoren freigegeben werden. Wir erreichen dies mit unseren Tasten am Geber. Der Tastendruck gegen Masse sperrt den Transistor, und der Schwingkreis läuft an. Der Zähler kann bis 63 zählen. Dann wird ein Weiterzählen vom UND-Schalter 4073.9 verhindert. Abwärts wird bis null gezählt. Sechs Dioden bilden ein Oder-Gate, um den Ausschlag ins Negative zu verhindern.

Als Besonderheit wird die Fahrspannung über zwei Leistungsdioden zum Richtungsrelais ausgekoppelt. Dadurch wird die Ausgangsspannung um 1,2 V reduziert und gleichzeitig eine Referenzspannung für eine Gleis-besetzt-Meldung erzeugt. Zwei Transistorstufen koppeln die Spannungsdifferenz aus und wandeln sie in einen Massepegel („Besetzt") um. Stützpunkte auf der Platine lassen Erweiterungen der Grundschaltung zu. So ist ein Fahrgerät mit vorwählbarer Höchst- bzw. Minimalge-

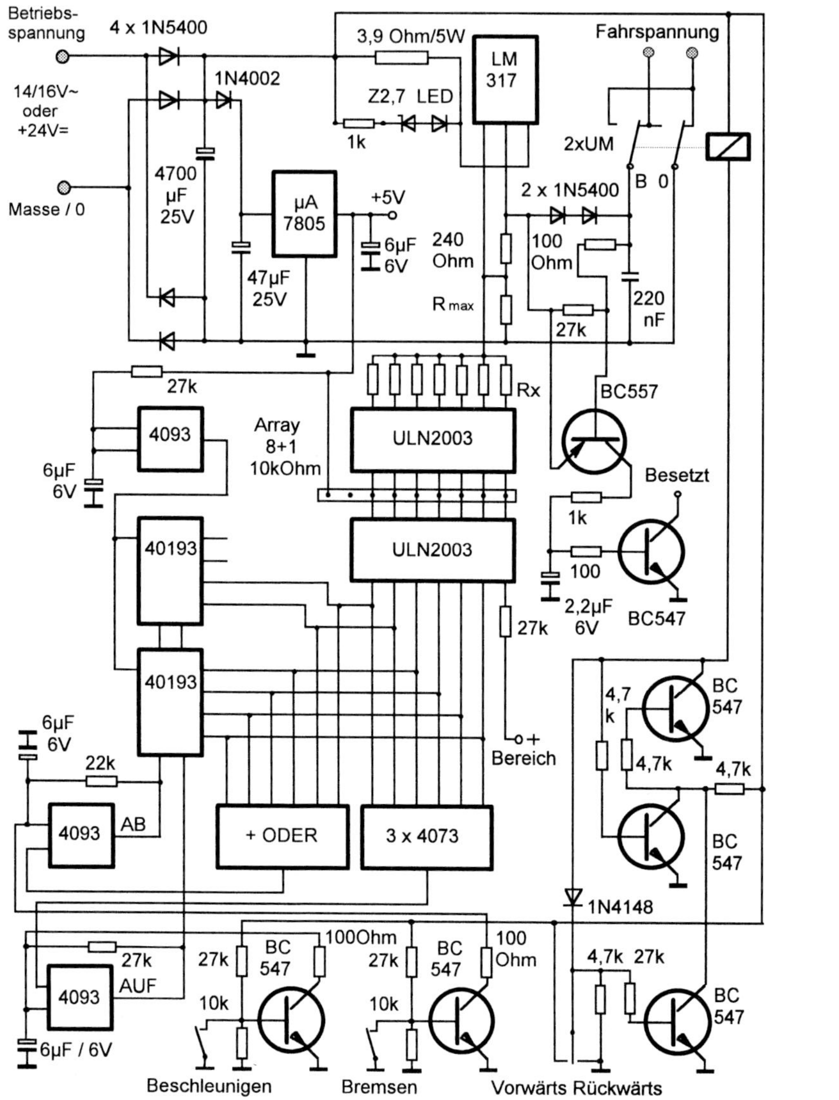

Abb. 7b Schaltung Streckenregler

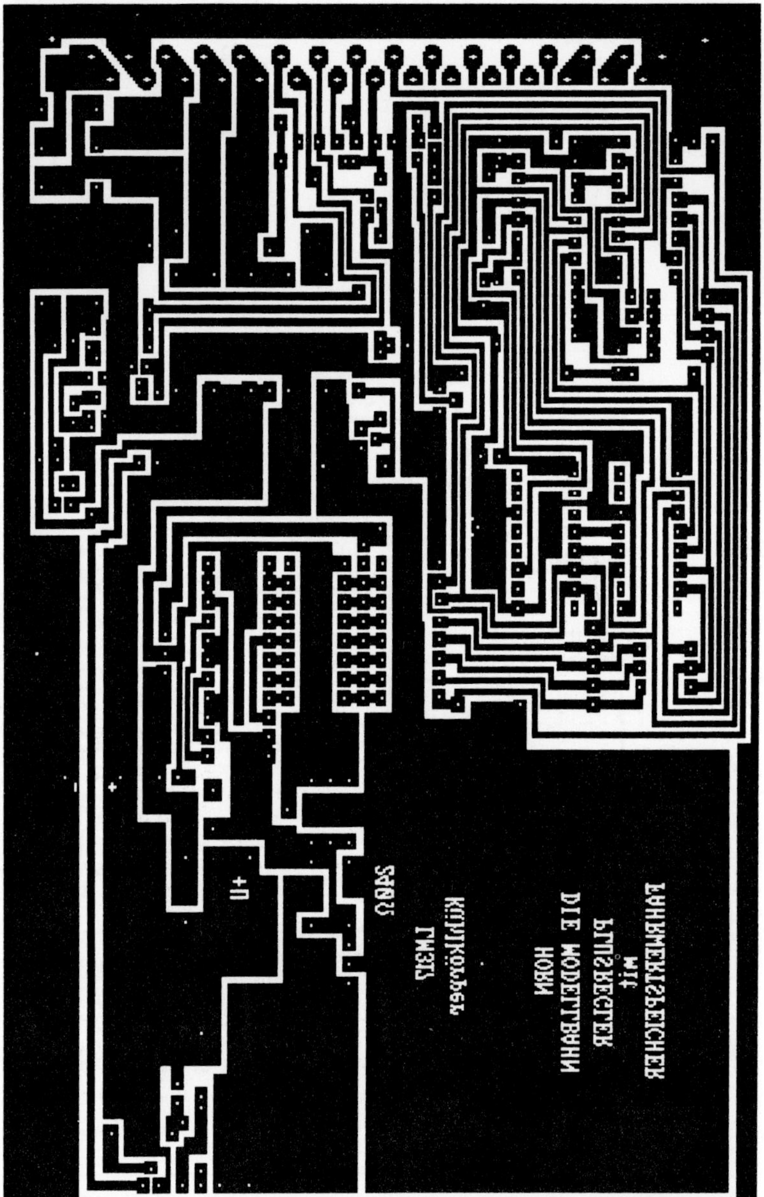

Abb. 7c Ätzvorlage Streckenregler

schwindigkeit und einstellbarem Verzögerungswert konzipierbar. Oder der Fahrwert kann direkt von einem Computeradapter auf die Treibertransistoren gegeben werden und so eine vollautomatische Steuerung ermöglichen.

Foto 3 Der Streckenregler

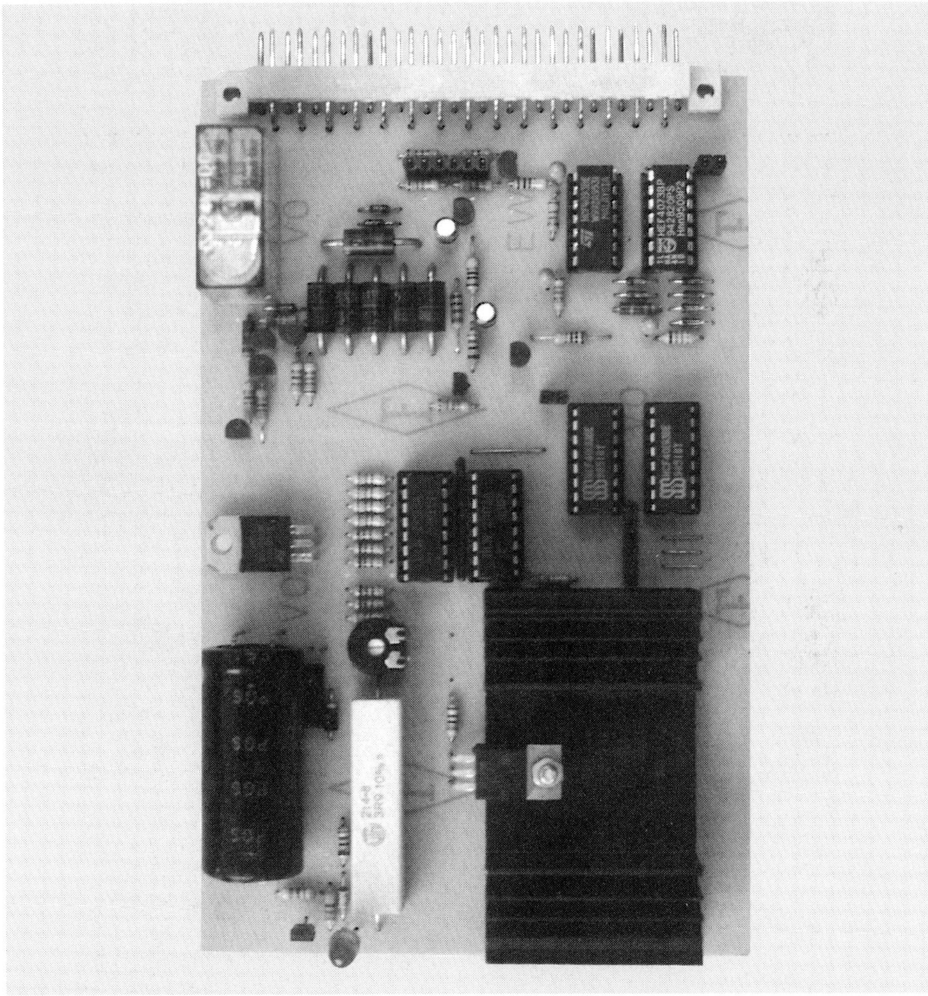

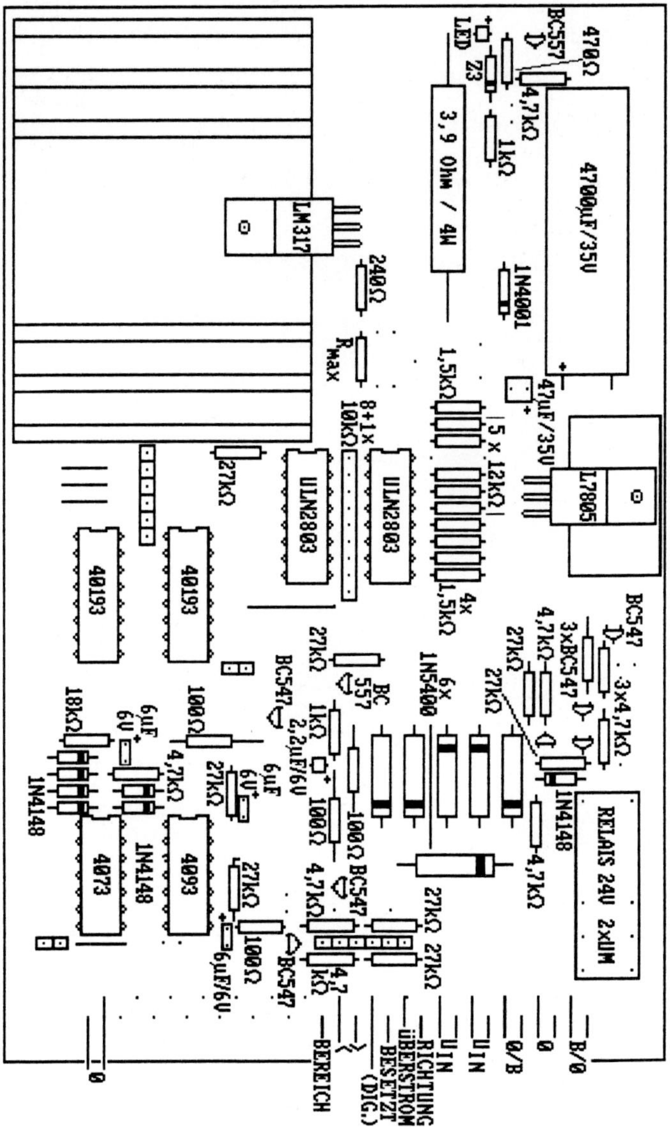

Abb. 7d Bestückungsansicht des Streckenreglers

STÜCKLISTE :

		1 Spannungsregler	uA 7805
		1 Spannungsregler	LM 317/Kühlkörper
1 Platine	Streckenregler	7 Transistoren	BC 547
	100 mm x 160 mm	2 Transistoren	BC 557
2 CMOS	4073	2 Transistorarrays	ULN 2803
2 CMOS	40193	1 Widerstand	3,9 Ohm/4 W
6 Dioden	1N 5400	4 Widerstände	100 Ohm/0,25 W
1 Diode	1N 4001 oder 1N 4002	1 Widerstand	240 Ohm/0,25 W
7 Dioden	1N 4148	1 Widerstand	470 Ohm/0,25 W
1 Elko	2,2 µF/6 V	2 Widerstände	1 kOhm/0,25 W
3 Elkos	6,8 µF/6 V	5 Widerstände	1,5 kOhm/0,25 W
1 Elko	47 µF/25 V	9 Widerstände	4,7 kOhm/0,25 W
1 Elko	4700 µF/25 V	1 Widerstandsarray	8 x 10 kOhm
2 IC-Sockel	14-polig	5 Widerstände	12 kOhm/0,25 W
2 IC-Sockel	16-polig	1 Widerstand	18 kOhm/0,25 W
2 IC-Sockel	18-polig	8 Widerstände	27 kOhm/0,25 W
1 LED	2 mA/rot	1 Zenerdiode	3 V/300 mW
1 Relais	24 V/2 x UM, 6 A	31-poliger Steckverbinder bei Rackmontage	

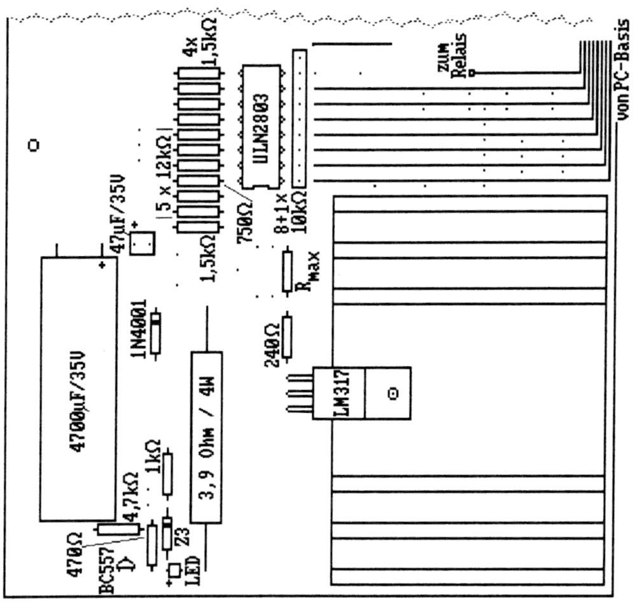

Abb. 7e Mit 8 Bits vom ULN 2803 der PC-Basis lassen sich 128 Spannungswerte und das Richtungsrelais ansteuern.

7. Fahren im Block

Wer einen dichten Fahrbetrieb anstrebt, der muß in logischen Bereichen fahren, sollte wie beim Vorbild Signale setzen, diese stellen und sich als Lokführer danach richten. Kaum ein Modellbahnclub kann Modulanlagen vorweisen, wo Signaltechnik verwirklicht ist. Oft sind zwar Signale zur Zierde installiert, aber mit dem praktischen Einsatz ist es dann nicht weit her.
Signaltechnik verlangt einiges an Wissen. Und selbst wenn dieses vorhanden ist und die entsprechende Verkabelung in der Anlage installiert werden kann, ist danach immer noch das Stellwerkpersonal gefordert, seinen Dienst zu tun. Beide Gesichtspunkte bereiten oft Schwierigkeiten, besonders bei festen Anlagen, wo es dann häufig zum automatischen Block kommt. Das Hauptaugenmerk der meisten Modelleisenbahner liegt eben eher auf dem Fahren oder, noch besser, auf dem stolzen Begutachten der (leider oft nur scheinbar) funktionstüchtigen selbstgebastelten Automatik.
Es existieren Zwischenlösungen von Systemarrangements, die zwischen den beiden Extremen der vollautomatischen Steuerung und der einfachen Handsteuerung mit A- und Z-Schaltung vermitteln. Mittels anderer Arten von Verkabelungen und Hilfsschaltungen wird eine Steuerung erreicht, bei der nicht alles von Hand gestellt werden muß und trotzdem noch genügend Spielraum zum Selberhandanlegen bleibt. Schlüsselproblem dabei ist, den Betriebsablauf im Voraus so zu definieren, daß danach die einzelnen Komponenten zusammengestellt und installiert werden können. Der leichteren Verständlichkeit halber beschränken wir uns zunächst einmal auf den Block in einer zweigleisigen Strecke mit reinem Rechts- oder Linksverkehr. Signale, an denen wir entgegen der Fahrtrichtung vorbeifahren müssen, bleiben also unberücksichtigt.
Durch die Einschränkung auf ein einseitiges Fahren läßt sich der Streckenregler relativ klar zuordnen: Der Block beginnt hinter dem Ausfahrsignal des einen Bahnhofs und endet zunächst am Einfahrsignal des nächsten Bahnhofs. Zum einfacheren Bedienen der Z-Schalter soll beim Stellen des Ausfahrsignals automatisch der Rangierregler weggeschaltet werden, während der Streckenregler an das für die Ausfahrt benötigte Gleissegment zugeschaltet wird. Am Ziel wird automatisch mit dem grünen Einfahrsignal bis zum Bahnsteig oder Zielgleis durchgeschaltet.
Formsignale besitzen meist einen für die Zugbeeinflussung nutzbaren Kontakt. Mit diesem Kontakt können Hilfsrelais aktiviert werden, die dann über Umschalter die von uns gewünschte Reglerzuschaltung bewirken. Lichtsignale lassen sich direkt durch Kippschalter bedienen. Die eine Schalterebene bedient die Optik, und die andere, die eigentlich für den Fahrstrom zuständig ist, aktiviert das Hilfsrelais. Ist nur eine einzige Ebene vorhanden, kann mittels Zusatzelektronik und Speicherbaustein aus den vom Kippschalter oder Taster angebotenen Spannungspegeln oder -impulsen

sowohl die Signaloptik als auch das Hilfsrelais aktiviert werden. Die unterschiedlichen Auslösemöglichkeiten – ganz egal welcher Systeme – stehen also über die Schaltungszusätze am Aus- und Einfahrsignal zur Verfügung. Haben auch die Weichen noch Hilfskontakte, dann kann der gesamte Fahrweg vom Start bis zum Ziel mit dem Streckenregler bedient werden.
Die Hilfsrelais können mit einem oder auch zwei Kontaktpaaren bei der Zuschaltung helfen. Um weiterhin die FREMO-Kompatibilität zu wahren, müssen natürlich beide Schienen eines Gleises getrennt geschaltet werden.
Grundsätzlich liegt immer die Kontaktmitte an der Schiene. In Ruhestellung ist der Handregler aktiv, um z. B. ein Rangieren am Signal zu ermöglichen. Wird das Signal auf Hp1 gestellt, zieht das Hilfsrelais an, und der Arbeitskontakt liefert jetzt die Spannung des Streckenreglers.
Am Einfahrsignal erfolgt die Aufteilung in Stopp-Gleis und nachfolgende Bahnhofsgleise. Beide Abschnitte sind getrennt zu behandeln. Wird im Bahnhof noch rangiert, dann steht das Einfahrsignal auf ROT, und der herannahende Zug muß spätestens auf dem Stoppabschnitt – ohne Überbrückung der Gleistrennungen – sicher anhalten.
Auch am Ausfahrsignal haben wir zwei getrennte Gleissegmente. Nicht nur der Signalabschnitt wird über den Streckenregler kontrolliert; auch der Bahnsteigbereich wird mit umgeschaltet, damit Wendezüge generell korrekt bedient werden können.
Übrigens ist diese Schaltungstechnik auch ein Schritt in Richtung digitaler Zukunft. Wer hier ohne Computer automatisch langsam abbremsen und anhalten möchte, der muß vor dem Signal einen Streckenteil auf die entsprechende Bremsspannung umschal-

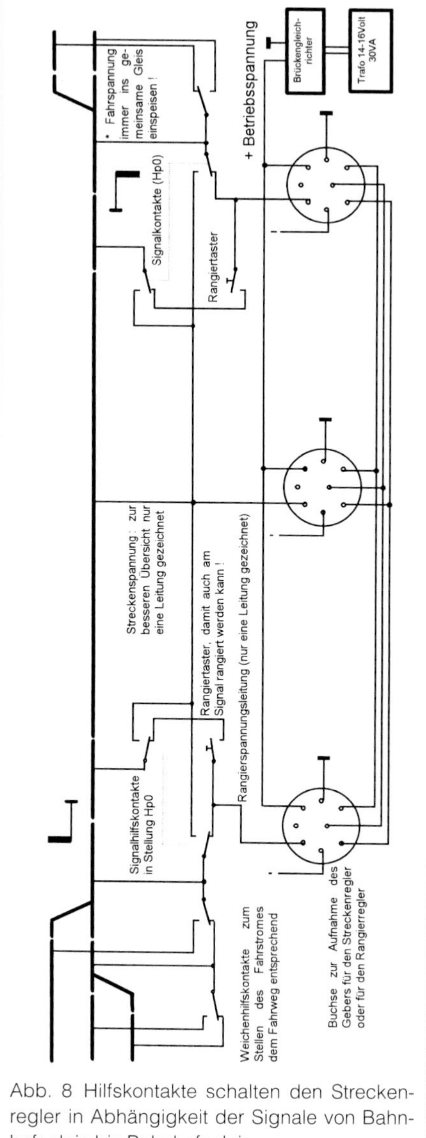

Abb. 8 Hilfskontakte schalten den Streckenregler in Abhängigkeit der Signale von Bahnhofsgleis bis Bahnhofsgleis.

ten können. Im Bahnhof wird dabei zum Rangieren der Handregler mit dem Bremsgenerator getauscht. In dem Moment, in dem das Einfahrsignal auf ROT wechselt, schalten die Bahnhofsgleise auf Bremsen.

Der Zug überbrückt durch diese Technik keine Trennstellen. Das Umschalten legt ihn schlagartig in ganzer Länge an die neue Spannung. Das beseitigt die beim Überfahren von Trennstellen sonst üblichen Minikurzschlüsse. Jedes Rad bzw. Drehgestell verbindet unterschiedliche Stromkreise beim Überfahren von Trennstellen. Das Umschalten und Abschalten ganzer Gleisbereiche erlaubt die problemlose Mehrfachtraktion und sogar ein Nachschieben. Werden bei schlechten Radschleifern alle Stromabnahmepunkte parallel geschaltet, kann zusätzlich auch eine flackerfreie Innenbeleuchtung in elektrisch direkt miteinander verbundenen Personenwagen ermöglicht werden.

Soll am Einfahrsignal die gleiche Funktionsweise bewerkstelligt werden, muß hier ein weiterer Gleisbereich mit ausreichender Länge geschaffen werden. Bereits beim Verlegen der Gleise sollte man an diesen Punkt denken. Der umschaltende Relaiskontakt wird zunächst durch eine einfache Drahtbrücke ersetzt. Auf Strecke ist ein automatisches Schalten zwischen Rangierregler und Streckenregler natürlich unsinnig. Sollte der Streckenregler defekt sein, haben wir ja jederzeit die Möglichkeit, den Handregler direkt in die DIN-Buchse auf der Strecke einzustecken. Mehr Technik wäre nur unnötiger Aufwand, der uns aber keinen Vorteil im Hinblick auf vorbildgetreues Fahren bringt.

Es ist elegant, mittels eines Reglers, aber ohne einen Schalter stellen zu müssen, aus einem Bahnhof aus- und in den nächsten einzufahren. Das Durchfahren dagegen erfordert immer noch das Springen von Fahrgerät zu Fahrgerät. Daran werden wir auch nichts ändern! Der Geber erlaubt es aber dem nebenherlaufenden Lokführer, den nächsten Block mit Spannung zu versorgen, noch bevor der Zug in diesen Bereich einfährt. Die Frage dabei ist, wie wir die gleiche Spannungshöhe des vorangehenden Blocks erreichen?

Ein Voltmeter ist die Lösung dieses Problems: Drahten wir den direkten, nicht umgepolten Streckenreglerausgang auf den Stift 2 der 8-poligen DIN-Buchse, dann können wir im Bereich zwischen Anfang und Ende des Blocks mit dem Voltmeter die Spannung zwischen Geber und PIN1 messen und die exakte Höhe der Fahrspannung bestimmen. Gehen wir zum folgenden Block, zeigt auch hier der Spannungsmesser unsere Fahrspannung an. Durch Drücken der Beschleunigungstaste können wir so die Fahrspannung genau voreinstellen und im Bahnhof – mit geringster Spannungsdifferenz – von Block zu Block überwechseln.

Ein Nachteil besteht jedoch: Der freiwerdende Block behält seine Spannung! Der nachfolgende Lokführer muß daher ebenfalls über ein Voltmeter im Geber verfügen, um die Fahrspannung rechtzeitig anpassen zu können. Ein automatisches Reduzieren der Fahrspannung auf ein Minimum ist denkbar. Über den Gleis-Besetzt-Melder im Streckenregler läßt sich der Bremseingang mit dem Pegel FREI und einer Zeitverzögerung kurzzeitig automatisch aktivieren. Die Verzögerung ist Bedingung, andernfalls wäre eine Voreinstellung der Spannung unmöglich. Die Meldung „Block ist frei“ darf nicht alleine bereits zum Löschen führen.

8. Wohin mit der Elektronik?

Bei einer stationären Anlage und Anlagenmodulen wird es zwangsläufig zu unterschiedlich angeordneten Komponenten kommen. Es hat sich bewährt, bei kleinen Festanlagen alle Leitungen zentral auf ein gleichzeitig als Stützpunkt dienendes selbsterklärendes Gleisbild zu führen. Von dort gehen dann alle Verbindungen in eine Steckvorrichtung mit 31-poligen Stecksockeln (DIN 41617) für die Printkarten.

Wird die stationäre Anlage größer, dann gibt es mehrere Gleisbilder mit jeweils zentraler Kabelführung. Man sollte so viel Logik in der Elektrik belassen, daß diese möglichst ohne extra Dokumentation überschaubar bleibt. Wichtige Daten wie die Belegung von Steckverbindern sind natürlich zu dokumentieren.

Bei Modulanlagen werden die Komponenten eher dezentral angeordnet, und für Streckenmodule muß zwangsläufig eine Norm für die Steckverbinder eingeführt werden. Es ist unmöglich, hier alle Kabel zentral zusammenzuführen.

Wir müssen dabei zwei Typen von Anlagenkästen unterscheiden. Module sind Normkästen mit einer Vorderansicht, der Betrachterseite, und einer Rückansicht, z. B. der Bedienerseite. Jedes Modul muß mit jedem Modul in einer Richtung zu verbinden sein. Dazu ist das Gleis bzw. die zwei Gleise in richtiger Höhe und Entfernung von der Vorder- bzw. Hinterkante entlang einer Lehre auszurichten. Passend dazu befindet sich auf der linken Seite die Buchse und auf der rechten der Stecker eines ausreichend dimensionierten Steckverbinders.

Bahnhöfe bestehen aufgrund ihrer Länge zwangsläufig aus Segmentkästen, die normal nur ein Gegenstück besitzen. Nur die Endstücke eines Bahnhofs müssen modulfähig sein, also dem Modulkopf der Streckenmodule und deren Steckverbindungen entsprechen. Im Bahnhof ergeben sich viele Anschlußpunkte. Es ist nicht sinnvoll, diese über das Nachbarsegment und Steckkupplungen bis zum Stellpult zu schleifen. Ein flexibles Kabel mit einer Trennung zum Segment ist ausreichend. Der 30-polige Messer-Steckverbinder (DIN 41622) läßt sich hier einsetzen. Bei einem zulässigen Betriebsstrom von 10 A eignet er sich in erster Linie zum Anschließen der Gleise. Sollte die Anzahl der Steckpunkte nicht ausreichen, wäre dann für weniger Strom – Magnetantriebe, Rückmeldungen, Lämpchen usw. – der 36-polige oder 50-polige Centronics-Steckverbinder einzusetzen.

Für die Module bleibt uns schließlich noch der 21-polige SCART. Damit ist eine Verwechslung von Anschlüssen so gut wie ausgeschlossen. Bei 21 Kontakten sollte die Anzahl der möglichen Verbindungen sowohl für die ein- als auch zweigleisige Strecke völlig ausreichen. Bis zum Signalsegment, dem ersten Bahnhofsmodul rechts und auch links der Strecke, kommen wir mit dem SCART gut aus. Beim Signal nimmt die Anzahl der Leitungen dann schnell zu. Es ist daher naheliegend, die Hilfsrelaisplatine – gut wartbar – an der

Seite des Modulkastens mit kurzen Leitungen unterzubringen. Auch Weichenantriebe mit Zusatzkontakten zum Lenken der Fahrspannung sind seitlich besser aufgehoben als unter der Anlage. Zum Stellen benötigt man dann zwar eine Schubstange, dafür ist die Wartbarkeit aber wesentlich leichter.

Hat der Modul- bzw. Segmentkasten eine Mindesthöhe von 15 cm, dann entsteht beim seitlichen Einlassen der steckbaren Printplatinen unter diesen eine Art Kabelkanal. Die Zusatzkomponenten, die sich immer auf Höhe der Weichen und Signale befinden, bilden schaltungstechnisch mit den Kabeln und der Gleisführung einen gut zu verfolgenden Stromlauf.

Über die Zusatzkontakte der Weichen steht nur das Gleis im Bahnhof unter Spannung, das von der Weichenstellung her bedient wird. Bei rotem Einfahrsignal ist dies automatisch die Rangierspannung des Handreglers. Geht das Einfahrsignal auf GRÜN, dann wechselt die Spannung auf den Streckenregler. Für die Ausfahrt gilt natürlich genau dasselbe. Der von der Weichenstellung bestimmte Fahrweg leitet in Verbindung mit dem FAHRT anzeigenden Ausfahrsignal die Fahrspannung des Folgeblocks bis zum Bahnsteig oder dem Bereitstellungsgleis für Güterzüge.

Diese Maßnahmen lassen so gut wie alle Ausschalter auf dem Gleisbildstellpult verschwinden. Gebraucht werden nur noch die Auslösetasten für die Weichen und Signale. Allerdings werden Anzeigelämpchen – oder LEDs – notwendig, um den eingestellten Weg optisch schnell kontrollieren zu können.

Später, beim Einsatz von Fahrstraßenschaltern, werden die Auslösetasten noch weiter reduziert. Die Anzahl der Steuerleitungen insgesamt kann jedoch nicht durch die Einführung von Fahrstraßen verringert werden. Schließlich muß jede Komponente weiterhin elektrisch ausgelöst werden. Auch werden Einzeltasten für den Notfall gebraucht. Was aber völlig frei gehandhabt werden kann, ist die zentrale Zusammenfassung dieser Stellglieder im Gleisbildstellpult; oder eine dezentrale digitale Auslösung direkt an den Zusatzkomponenten, wie es bei den Magnetartikeldecodern im Märklin-Motorola-System und auch bei DCC (LENZ, ARNOLD, DIGITRAX, Wangrow...) üblich ist.

Muß „üblich" gleichzeitig „sinnvoll" bedeuten? Digitale Schaltdecoder sitzen oft direkt mitten in oder unter der Anlage. Neben dem Zweck der Computeranbindung sollen damit meist Drähte gespart werden. Also sitzt der vom Zweidraht-BUS betriebene Decoder möglichst dicht am Objekt. Das entspricht in der Praxis unserem seitlichen Kabel- und Elektronik-Schacht.

Ein am Signal auf die Abfahrt wartender Lokführer könnte doch direkt hier vor Ort seine Tasten drücken. Seine DIN-Buchse für den Geber ist bereits an der Seitenwand plaziert. Die Hilfsrelais sitzen gleich dahinter. Was liegt also näher, als auch das zentrale Bahnhofsstellpult zumindest in zwei oder vier Teile zu zerlegen?

Die konstruktiven Gesichtspunkte der Bahnhofs-Segmentkästen werden sich klar nach dem Gleisverlauf richten. Hauptkomponenten sind auf beiden Bahnhofsseiten die Ausfahrsignale und die sich anschließenden Weichen. Es bereitet nur unnötige Schwierigkeiten, wenn all diese Komponenten nicht zusammen auf einem Segment sitzen. Die gesamte Stromzuführung vom gemeinsamen Ein- bzw. Ausfahrgleis mittels der Verteilung über die Weichenkontakte (Hilfsrelaiskontakte) und der Zuordnung per Signalrelais kann in diesem Bereich komplett fertiggestellt werden, ohne weitere Leitungen zum Zentralpult zu ziehen. Für das benachbarte Segment kann mit dem Einfahrsignal ebenso verfahren werden.

Fazit: Der Bahnhof wird – ganz dem Betriebsablauf entsprechend – in einen rechten und linken Stellwerksbereich unterteilt. Sind zwei Züge gleichzeitig unterwegs – beide sind z.B. am Ausfahren –, hat jeder Lokführer die für ihn notwendigen Tasten oder Schalter dort, wo sein Fahrregler (Geber) eingesteckt ist. Einfahr- und Ausfahrsignal passen mit der dazwischenliegenden Weichenstraße in den Spuren Z und N auf einen gemeinsamen Segmentkasten. Bei H0 benötigt man zwei Segmentkästen, außer man entschließt sich, ein wohl annähernd zwei Meter langes Großsegment zu basteln, in dem dann alle elektrisch zusammengehörenden Teile vereint sind.

Ein derartiges Bahnhofsteil wäre rein theoretisch mit jedem anderen Bahnhof kombinierbar, solange die Gleisabstände zueinander passen. Jede Hälfte ist für sich funktionsfähig, denn der Anschluß für den Rangierregler sitzt zwischen den Signalen am gemeinsamen Ende der ersten Weiche. Bei freigegebener Einfahrt wird dieser Punkt automatisch auf die Spannung des Streckenreglers umgeschaltet.

Bestimmt gibt es jetzt Leser, die sich fragen, wie lang denn der Bahnhof überhaupt werden soll. Zwei Bahnhofshälften in H0-Spur à zwei Meter ergeben schon vier Meter, und da ist dann noch nicht einmal ein Bahnsteig vorhanden. Wollen wir unsere Anlage vorbildgetreu konstruieren, müssen wir in neuen Dimensionen denken und zwischen die beiden Bahnhofsenden noch vier Meter Bahnsteig setzen!

Selbst für einen D-Zug mit nur sieben Wagen reichen zwei Meter Bahnsteig kaum aus – ganz zu schweigen von einem IC mit 13 maßstabsgetreuen Wagen mit einer Gesamtlänge von 3,9 m oder einem ICE von etwa gleicher Länge. Jeder kann sich zu diesem Thema seine eigenen Gedanken machen. Mit Hilfe der modularen Modellbahnanlage ist es möglich, klein anzufangen und sich langsam an das große Vorbild heranzutasten. Mit einer Komplettanlage dagegen ist einem diese Freiheit meist genommen. Wenn dann noch die Elektrik ohne Änderungen übernommen werden kann, ist das Modulsystem beinahe perfekt.

Nachdem nun die elektrischen Komponenten sinnvoll und praxisgerecht untergebracht sind, die Größe der Modulkästen bzw. die Bahnhofslänge zur Sprache gebracht worden ist, wenden wir uns nun noch der Steckerbelegung zu. Die hier beschriebene Belegung ist zwar nur eine Empfehlung, ist aber als Richtlinie beim Anlöten der Verbindungsdrähte gedacht, ohne die nämlich ein beliebiges Kombinieren von Modulen nicht möglich wäre. Die Belegung der SCART-Verbindung ist nicht völlig willkürlich. Bei der schon bekannten DIN-Buchse sind vier von fünf bzw. sieben von acht fest definiert. Dies läßt sich eins zu eins übertragen.

Beim zweigleisigen Modul bietet es sich an, die Verbindungsleitungen einfach zu verdoppeln und ZEHN zur einfachen Stiftbelegung dazuzuaddieren. Damit erhalten wir für die zu den Gleisen notwendigen Anschlußdrähte und die selbstverständlich ebenfalls doppelt benötigten Steuerleitungen der Streckenregler zwei getrennte Energieversorgungen. Gewährleistet die gemeinsame Spannung eine ausreichende Leistung, müssen nicht unbedingt zwei Trafos bzw. Versorgungsspannungen vorhanden sein. Wer aber ohnehin über mehrere kleine Trafos verfügt, der kann diese bei getrennten Versorgungsleitungen problemlos weiterverwenden.

Foto 4 Der SCART-Steckverbinder

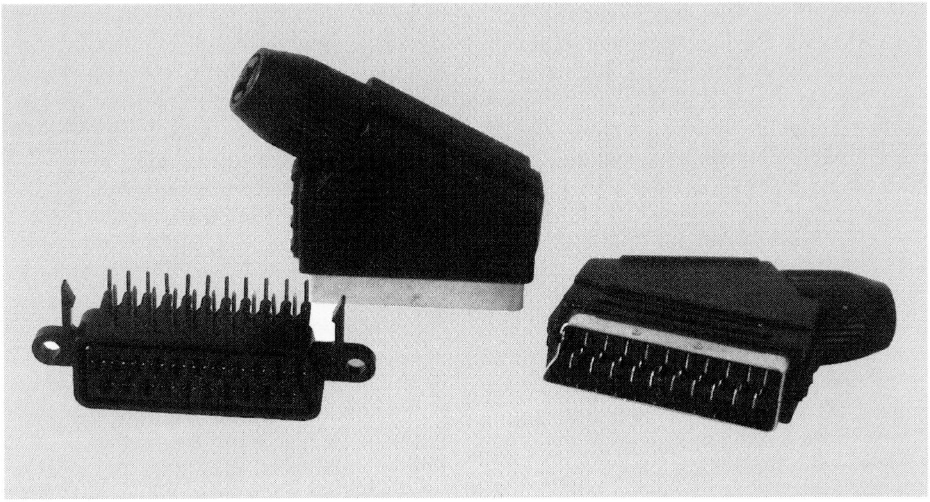

Die SCART-Verbindung:

Stift 1: Versorgungsspannung MASSE
Stift 2: negative Versorgungsspannung oder Fahrspannungsvoltmeter
Stift 3: Fahrspannung zum Gleis
Stift 4: positive Versorgungsspannung
Stift 5: Fahrspannung zum Gleis
Stift 6: Steuerleitung Streckenregler 1 AUF
Stift 7: Steuerleitung Streckenregler 1 AB
Stift 8: Steuerleitung Streckenregler 1 Richtung
Stift 9: z.b.V. (Daten-Bus Takt)
Stift 10: z.b.V. (Daten-Bus Store)
Stift 11: Versorgungsspannung MASSE
Stift 12: negative Versorgungsspannung oder Fahrspannungsvoltmeter
Stift 13: Fahrspannung zum Gleis
Stift 14: positive Versorgungsspannung
Stift 15: Fahrspannung zum Gleis
Stift 16: Steuerleitung Streckenregler 2 AUF
Stift 17: Steuerleitung Streckenregler 2 AB
Stift 18: Steuerleitung Streckenregler 2 Richtung
Stift 19: z.b.V. (Daten-Bus Eingabe)
Stift 20: z.b.V. (Daten-Bus Ausgabe)
Stift 21 : Abschirmung/MASSE

9. Sicherheit beachten!

Alle erwähnten DIN-Steckverbindungen lassen Ströme von 3 A oder gar mehr zu. Die üblichen Anschlußdrähte – flexible Litzen oder starrer Schaltdraht – mit 0,14 mm^2 Durchmesser sind für Anzeigen und Steuerungsanschlüsse ausreichend dick dimensioniert, jedoch für einen Dauerstrom von 3 A nicht mehr geeignet. Alle Stromversorgungsleitungen müssen daher mit 0,5-mm^2- oder 0,75-mm^2-Litze verlegt werden.

Am stärksten belastet wird die Masse- und Energieleitung (SCART-PIN1 und -PIN4). Im Analogsystem mit dem jetzigen Fahrregler fließen nur etwa 1 A – maximal 1,5 A. Bei mehreren Reglern an gemeinsam versorgten DIN-Buchsen kann die Dauerstromstärke auf 3 A steigen. Diese Stromstärke tritt auch bei einem Digitalsystem auf. Wer also für die Zukunft gerüstet sein will, muß diese Versorgungsleitungen mit 0,75-mm^2-Litze verlegen.

Außergewöhnliche Anlagen brauchen jedoch auch bei analogem Fahrbetrieb Strom, der über 1,5 A hinausgehen kann. Hierzu zählen im Prinzip alle ab Epoche 5 fahrenden schweren Personenzüge mit komplett beleuchteten Personenwagen. Ein amerikanischer Interkontinentalzug von Amtrak mit drei Loks und 20 Wagen könnte sogar die obere Stromgrenze überschreiten. Da muß dann jeder Fahrregler alleine eingespeist werden. Es kann von dieser Energiequelle nichts mehr abgegeben werden! Für solche Züge ist die Strecke naturgemäß extrem lang und benötigt den eigenen 60-VA-Trafo direkt an der DIN-Buchse.

Eine Verlegung der SCART-Leitungen 4 und 14 könnte man sich sparen. Sie ist nur für eine Kompatibilität mit anderen Modulen und dem Betrieb per Handregler notwendig.

Begegnen sich zwei Kontinentalzüge oder Güterzügen in Vierfachtraktion, muß die neue Technik der Streckenregler mit Hilfsrelais herangezogen werden. Ein gemeinsamer Trafo im Bahnhof oder an der Ausweichstrecke ist nicht in der Lage, die Energie für zwei Regler gleichzeitig zur Verfügung zu stellen. Als Konsequenz wäre dann z. B. ein gleichzeitiges Ausfahren beider Züge nicht möglich.

Soll die Stromstärke erhöht werden, muß der vorhandene Streckenregler ohnehin passen. Eine Stromerhöhung ist aber durch den Einbau eines LM 350 im TO-220-Gehäuse und 120 Ohm an Stelle der 240 Ohm recht einfach zu erreichen. Die Problematik der noch höheren Wärmeabgabe läßt sich – ohne Änderung der Printplatine – nur mit einer Zwangskühlung per Ventilator/Kühlgebläse in den Griff bekommen.

In den Modulkästen darf keine 230-V-Netzspannung mitgeführt werden.

Da der Bau einer Modelleisenbahnanlage in fast allen Fällen mit dem Bahnhof beginnt, werden zwangsläufig hier die ersten Trafos benötigt. Liegen uns die schon besprochenen zwei Bahnhofshälften vor, dann werden wir am halben Gleisbildstellpult in Nähe der ersten Weiche je einen Netzsteckdosenverteiler bereithalten. Es können höchstens vier Trafos installiert werden. Zwei liefern die Versorgungsspannung mittels SCART in Richtung Bahnhof und zwei in Richtung Strecke.

Das hört sich klar und einfach an. Dennoch birgt dieser Bauabschnitt ein großes Sicherheitsrisiko! Die Stromversorgungsleitungen laufen durch die Module bis zum sich anschließenden Bahnhof. Wird auch hier mit Stromversorgungsleitungen eingespeist, dann ist die Strecke von zwei Seiten her und damit doppelt versorgt. Das ist unbedingt zu vermeiden!

Liegt an der Versorgung Wechselspannung an, dann bleibt bei gleicher Phasenlage dieser Umstand unbemerkt. Wurde die Netzleitung zum Bahnhof 2 gezogen und vor dem nächsten Modellbahnbetrieb zufällig – weil die in Frage kommende Steckdose vielleicht vorübergehend für den Staubsauger gebraucht wurde – um 180° verdreht wieder eingesteckt, dann kommt es bei erneutem Betriebsbeginn durch die jetzt gegeneinander gepolten Spannungen zum Kurzschluß. Geschützte Modellbahntrafos werden abschalten. Natürlich schaltet nur ein Trafo ab. Der andere liefert weiter Fahrspannung, auch wenn sein Thermokontakt schon ziemlich heiß geworden ist. Das einsetzende Wechselspiel wird ständige Kurzschlüsse und anschließende Fahrspannung hervorbringen. Wer jetzt auf die Idee kommt, einen Trafo-Netzstecker zu ziehen, der lebt gefährlich: In dem Moment, in dem beide Thermokontakte wieder geschlossen sind, gelangen gefährliche, da energiegeladen, 230 V vom Trafo rückwärts an die blanken Netzsteckerstifte!

Um diese Gefahr gänzlich auszuschließen, muß die folgende Richtlinie strikt eingehalten werden: Werden Stromversorgungsleitungen durch Module geschleift, dann darf nur Gleichspannung für die Versorgung benutzt werden. Wechselspannung ist nur und ausschließlich für die Zuleitung direkt auf eine DIN-Buchse zugelassen.

Falschanschlüsse, die rein zufällig und unvorhersehbar durch Mißverständnisse, Fehlinterpretation und Unwissenheit auftreten, lassen sich 100%ig vermeiden, wenn die Gleichrichterbrücken (50 V/3 A) fest und direkt in die Stromversorgungszuleitungen eingebaut werden. Eine weitere Sicherheit bietet die zur Masse erklärte Leitung #1 und #11. Nur wenn Gleichspannung anliegt und die interne Streckenreglermasse durch eine Drahtverbindung an der Versorgungsmasse liegt, funktioniert das Beschleunigen und Bremsen des Streckenreglers.

Allerdings ist Gleichspannung nicht gleich Gleichspannung. Hinter dem Brückengleichrichter entsteht eine mit 100 Hz pulsierende Gleichspannung. Ein Überstrom, der so nur bei einem geschützten Modellbahntrafo auftritt – entspricht dem sonst genauso auftretenden Wechselstrom. Wer die Gleichspannung dagegen mit einem Elko in eine reine – nicht pulsierende – Gleichspannung wandeln will, der darf diese Spannung nicht ungeschützt in die Modulanlage leiten. Die Energiepufferung läßt, wenn auch nur kurzfristig, bei einem Kurzschluß riesige Ströme entstehen, ähnlich denen aus einer Batterie, die nicht zulässig sind und gefährlich sein können.

Natürlich ist reiner Gleichstrom nicht verboten. Er muß aber elektronisch abgesichert werden. Der einfachste Schutz wird mit dem schon erwähnten LM 350 erreicht, der eingestellt auf z. B. 18 V zuverlässig beim Erreichen von 3 A abschaltet. Handregler sind dabei problemlos an der DIN-Buchse sowohl mit Gleich- als auch mit Wechselspannung zu betreiben.

10. Hilfsrelais

Die meisten Modelleisenbahner kommen fraglos relativ gut mit Schaltern zurecht; die Elektronik im Detail beherrschen jedoch oft nur Spezialisten, die eher dünn gesät sind. Was liegt also näher, als sich für eine automatisierte Z-Schaltung mit Relais zu entscheiden, die ja im Grunde nichts anderes sind als Schalter mit elektrischer Fernbedienung. Da im Zuge des Preisverfalls elektronischer Bauteile auch Relais preiswerter wurden, bietet sich ihr Einsatz für die Modelleisenbahn geradezu an.

Natürlich müssen wir genau darauf achten, was aus dem Gesamtangebot, besonders aus preiswerten Restposten, für uns wirklich nutzbar ist. Zu berücksichtigen ist erstens die Versorgungsspannung: Für die wenigen Schaltungen im Streckenverlauf läßt sich ohne weiteres etwas Strom von der Fahrstromversorgung abzweigen. Die Spannungshöhe liegt dabei zwischen +20 und +24 V. Die Wicklung der Relaisspule sollte daher für 18 bis 24 V Nennspannung ausgelegt sein. Der Wicklungswiderstand wird meist etwas über 1 kOhm betragen. Um ein Relais auszulösen, müssen wir der Fahrstromversorgung ca. 20 mA entnehmen (das sind nur etwa 0,4 W).

Das Relais muß in der Lage sein, Ströme bis 3 A aus- und auch einzuschalten. Dieser Vorgang darf bei ständiger Wiederholung die Beschaffenheit der Kontaktoberfläche nicht verändern. Zu empfehlen sind daher Relais mit mindestens 5 A oder besser 8 A Schaltstrom. Kammrelais mit Silberkontakten und nur 1 A oder 2 A Stromangabe sind auf Dauer nicht für den harten Modellbahneinsatz und zum Schalten des Fahrstromes geeignet.

Leider gibt es bei den angebotenen Printrelais mit passenden elektrischen Daten unterschiedliche Anschlußbelegungen. Die Platine kann jedoch nur auf die gängigsten Stiftanordnungen Rücksicht nehmen. Neben Doppelkontakten sind auch Einzelkontakte pro Relaisposition vorgesehen. Diese Relais sind nicht nur günstiger in der Anschaffung; beim später noch zu erwähnenden Gleissystem mit durchgehender Masseschiene wird pro Gleiselement immer nur ein Umschaltkontakt gebraucht.

Die Hilfsrelaisschaltung soll natürlich für viele Einsatzbereiche nutzbar sein. Betrachten wir zuerst die einfache Folgeschaltung zu einem bereits vorhandenen Kontakt – z.B. dem überall bekannten Formsignal. Schaltet der Signalkontakt gegen Masse,

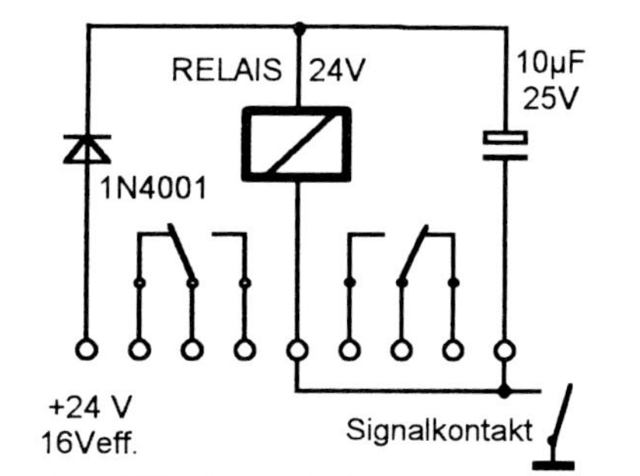

Abb. 9 Hilfsrelais 2 x UM

dann zieht das auf der Platine aufgebaute Relais an. Wir benötigen außer einem passenden Relais eine Diode 1N4001 und einen kleinen Elko (10 µF/25 V), damit aus unserer pulsierenden Versorgungsgleichspannung eine glatte Spannung wird und unser Relais später nicht brummt.
Die einfache Folgeschaltung kann beliebig oft parallel geschaltet werden. Ein Signal erhält so ausreichend Kontakte, um das Stopp-Gleis und den nachfolgenden Bahnhof an die Spannung des Streckenreglers zuschalten zu können. Wenn es sein muß, kann zusätzlich die Bremsstrecke vor dem Signal an eine spezielle Bremsspannung gelegt werden. Dies kommt natürlich nur in Frage, wenn der Streckenregler nicht entsprechend angesteuert werden kann.
Die Platine bietet mit 35 mm x 100 mm relativ viel Platz für den Aufbau einer Folgeschaltung. Bei den Leiterbahnen und Komponenten geht es jedoch trotzdem relativ eng zu. Genutzt werden dabei immer nur Teilbereiche. Je nach Einsatzort der Relaisschaltung ändern sich Anzahl und Lage der Bauteile! Die Platine kann daher als Universal-Relais-Platine bezeichnet werden. Die tatsächliche Bestückung ist je nach Verwendungszweck der entsprechenden Vorlage zu entnehmen.
Achten Sie bitte auch auf die Position der Relaisanschlüsse. Als Standard sind die Kartenrelais mit 2 x UM und 1 x UM vorgesehen. Damit die Kontakte auf die drei nebeneinanderliegenden Punkte einer Schraubklemme geführt werden können, sind die Relaispositionen etwas zueinander versetzt angeordnet. Die Kontakte müssen in ihrer Reihenfolge überprüft werden. Im Normalfall liegt die Mitte des Umschalters auch an der Mitte der Klemme. Die Arbeits- und Ruhekontakte weisen dabei wechselnde Reihenfolgen auf: R/M/A oder A/M/R.
Die Relais werden im allgemeinen direkt eingelötet. Ein Defekt ist kaum zu erwarten.

Ätzvorlage Universal-Relais-Platine

Abb. 10a Achtung: die Vorlage ist spiegelverkehrt, damit Ihre Kopie mit dem Toner direkt auf die Fotoschicht gelegt werden kann und so ein Unterkriechen von Licht unter alle abdeckenden schwarzen Flächen verhindert wird.

Die Abstimmung der Weichenstellung mit der Speicherstellung ist nach dem Einschalten der Stromversorgung natürlich zunächst ein reines Zufallsprodukt. Da wir aber keinen weiteren elektronischen Aufwand treiben wollen, muß jeder wissen, daß erst nach dem ersten Tastendruck die Schaltung richtig arbeitet.

Am sinnvollsten läßt sich die Speicherschaltung bei alten Weichen ohne Endabschaltung nutzen. Die Prinzipskizze zeigt neben den unbedingt benötigten Entstördioden die bisherige Auslösung durch Masse und dazu alternativ durch positive Kontaktgabe.

In der Abbildung 10c finden Sie zweimal den Widerstand Rled. Wer noch keine Erfahrung mit LEDs hat, dem sei nochmals gesagt: Leuchtdioden werden immer mit einer wesentlich über der Brennspannung liegenden Betriebsspannung zum Leuchten gebracht. Die Leuchtintensität wird dabei vom Vorwiderstand Rled bestimmt. Generell kann am ULN 2003 (offener Kollektor eines Darlingtontransistors) jede LED angeschlossen werden. Der Trend (oder besser der Preis) geht hin zu stromsparenden Ausführungen. Das bedeutet, daß jeder Modelleisenbahner den Vorwiderstand in der Praxis testen sollte, wobei die späteren Lichtverhältnisse der Umgebung zu berücksichtigen sind.

Haben wir die Betriebsspannung +24 V der Weichenspulen gleichzeitig auch für die LEDs vorgesehen, dann besteht die Möglichkeit, mehrere LEDs in Reihe hintereinander in den Stromweg zu schalten. Bei drei in Reihe liegenden LEDs verringert sich der Vorwiderstand dabei kaum bzw., anders herum, nimmt bei gleichem Widerstandswert die Leuchtstärke kaum ab. Mit mehreren gleichzeitig geschalteten LED-

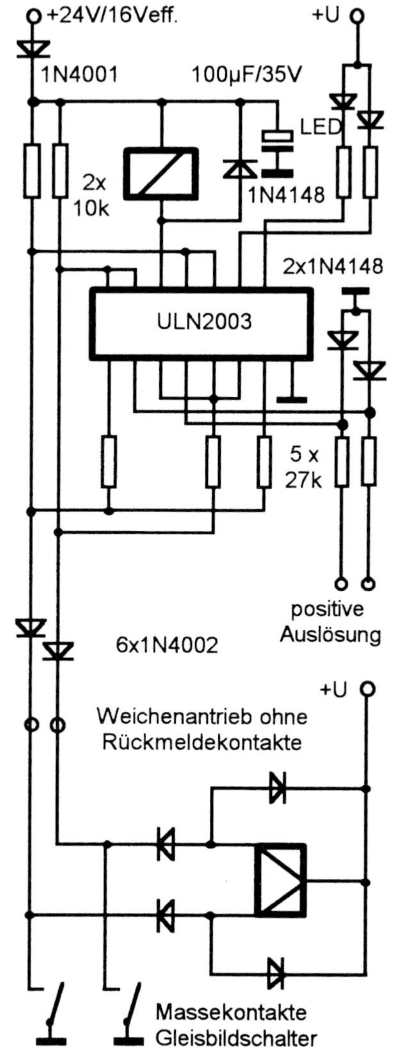

Abb. 10b Hilfsrelais zum alten Weichenantrieb

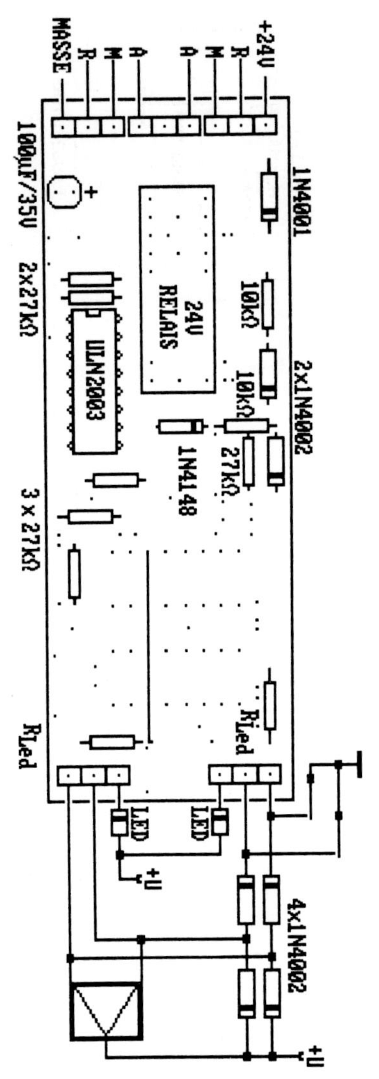

Abb. 10c Platine und Anschluß zum alten Weichenantrieb

Punkten entsteht ein kleines Leuchtband. Der Fahrweg auf einem Gleisbild läßt sich so markant darstellen.
Ein nach Masse schaltender Taster stammt aus der alten Modellbahntechnik. Zwischen Spannung und Masse liegt immer der Verbraucher, z.B. eine Weichenspule, und ein Schluß gegen Masse löst den Verbraucher aus. Kurzschlüsse werden vermieden, da im Schalterbereich keine direkte Versorgungsspannung blank liegt.
Die Computertechnik definiert dagegen PLUS als aktiven EIN-Pegel. Es kann also in elektronischen Schaltungen vorkommen, daß beispielsweise der Weichenspeicher mit Pluspegel ausgelöst werden muß. Eine recht einfache Anwendung dieser Art finden wir in der Folgeschaltung zu Magnetschiebern mit Endabschaltung.
Wir nehmen wieder die URP und bestücken diese mit Entkoppeldiode, Elko, Relais und Transistorarray ULN 2003. An der Beschaltung der Transistoren ändert sich kaum etwas, darum gleich weiter zur Bestückungsansicht. Die Weiche liefert in der jeweiligen Endlage immer nur einen Pluspegel, da der andere Weg vom Endabschalter unterbrochen wird. Mit den Transistoren 2 und 4 im Array wird ein Massepegel erzeugt, der den Speicher in die entsprechende Lage zwingt.
Die Transistoren 1 und 5 können jetzt die LEDs direkt ansteuern. Die vorher eingelötete Drahtbrücke entfällt somit.
Da der Schaltungszustand von der Lage der Endabschalter bestimmt wird, stimmt die Anzeige und auch die Stellung der Relaiskontakte sofort nach dem Einschalten der Betriebsspannungen. Ein Verstellen der Weiche von Hand wird genauso erkannt wie eine elektrische Fernbetätigung durch den gewohnten Massepegel. Vor-

ausgesetzt zwischen Weichenantrieb und Weichenzungen funktioniert alles, dann stimmt die Anzeige zur Zungenstellung.
Läßt man die Weichen und alle externen Dioden einfach weg, eignen sich beide Schaltungen ohne Änderung als komplettes Lichtsignal. Bausätze mit LEDs, Mast und einer Signaloptik sind im Handel erhältlich. Speziell bei größeren Spurweiten ist aber auch ein kompletter Selbstbau problemlos durchzuführen. Dann ist es allerdings wichtig, die mitgelieferten LED-Vorwiderstände auszutesten und u.U. auszutauschen – je nach tatsächlich vorhandener positiver Betriebsspannung.
An dieser Stelle sei nochmals daran erinnert: Die Bestückung nach Abb. 10c/10d arbeitet mit Tastern, die nach Masse schalten, während Abb.10e auch nur mittels positivem Pegel umschaltet.
Die Widerstandswerte für ROT und GRÜN sind unterschiedlich; denn jede Farbe hat ihre eigene Leuchtintensität. Man darf zwei LEDs nicht parallelschalten, es sei denn, man legt auf die daraus resultierenden unterschiedlichen Lichtstärken keinen Wert. Ein Parallelschalten von Einheiten aus Widerstand und LED ist dagegen beliebig oft möglich. Eine Serienschaltung von LEDs mit einem gemeinsamen Widerstand ist nur zulässig, wenn es sich um gleiche Typen handelt. Hier ist es durchaus möglich, daß sich die LEDs in ihren Intensitäten unterscheiden.
Wie gestaltet sich die Situation mit GELB (Hp2)? Grund um Hp2 anzuzeigen, ist eine bei ablenkender Fahrtrichtung reduzierte Geschwindigkeit. Ein Weichenkontakt kann diese Bedingung kontrollieren. GRÜN und Weiche auf „Abzweig“ läßt GELB leuchten. Ist der teure Weichenkontakt jedoch nicht zu entbehren, dann müssen wir mit einem

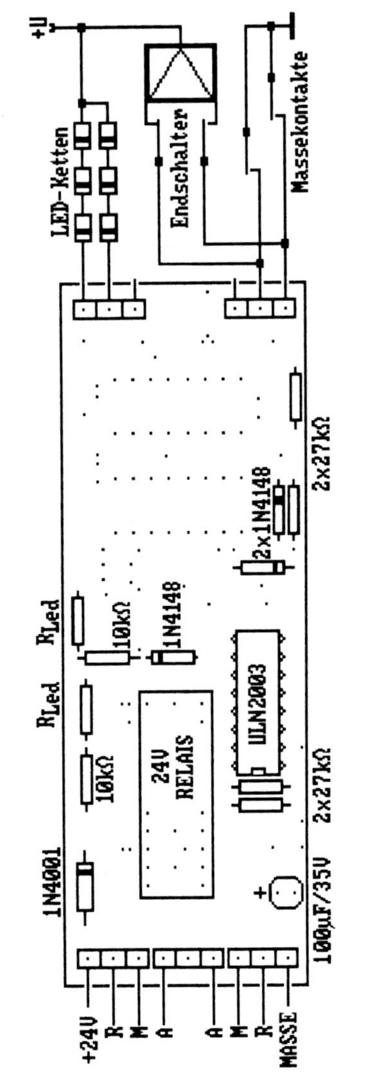

Abb. 10d Platine und Anschluß zum endabgeschalteten Antrieb

selbstgebauten UND-Schalter den Schaltpegel für die gelbe LED auf freien Stützpunkten der kooperierenden Platinen aufbereiten.

Wie sieht ein selbstgebauter UND-Schalter aus? Nun, da gibt es mehrere Lösungsvarianten: Neben einer elektronischen Kombination aus Dioden und Transistoren – für die wir auf der URP im einzelnen jedoch keine Extrapositionen vorgesehen haben – kann eine UND-Bedingung von einem Relais erstellt werden.

Wer hier die theoretischen Grundlagen noch einmal nachlesen möchte, dem kann ich nur das Buch „MODELLEISENBAHN-ELEKTRONIK von Anfang an“ Autor Bruno Heller – Franzis Verlag/Lizenzdruck Weltbild Verlag – nahelegen.

In der Praxis bedeutet das jetzt, daß wir zwei Arbeitskontakte zweier Relais in Reihe schalten müssen. Nur wenn Relais 1 und Relais 2 gleichzeitig in Arbeit sind, wird die UND-Bedingung erfüllt. Relais 1, das ist unser Signalrelais und Relais 2 folgt der Einfahrweiche. Haben beide Relais jeweils zwei Kontaktpaare und wird für die Grundfunktion, den Fahrstrom richtig zu leiten, nur ein Kontakt benutzt, dann läßt sich die gelbe LED – Hp2 – direkt mit den freien Kontakten beschalten.

Reichen die Kontakte jedoch nicht aus, können zum bereits vorhandenen Relais weitere Relais parallelgeschaltet werden. Da eine LED nur wenige Milliampere verbraucht, lassen sich hier auch REED-Relais einsetzen. Zur Montage des REED-Relais eignet sich übrigens unsere Experimentierplatine aus Abb. 37b.

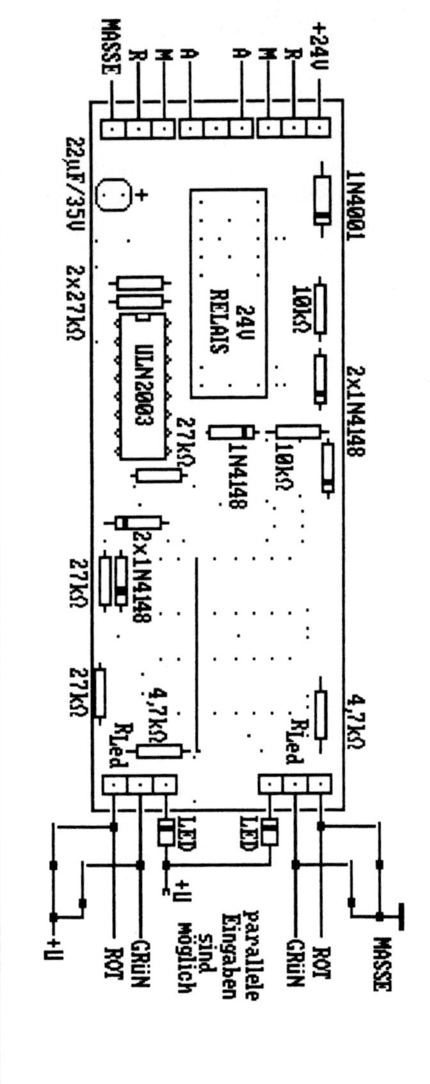

Abb. 10e Hilfsrelais als Licht-Signal ROT/ GRÜN

11. Weichenantriebe

Zu Beginn ihres Hobbys stehen für viele Modelleisenbahner alternative Weichenantriebe nicht zur Debatte. Spätestens jedoch wenn man plant, unsichtbare Unterfluranantriebe in eine künftige Modellbahnanlage einzubauen, sollten entsprechende Überlegungen angestellt werden. Auch diejenigen Modelleisenbahner, die beim Betrieb mit bestehenden Magnetschiebern und den dazugehörenden Weichen Probleme haben, werden nach einer alternativen Lösung suchen.
Leider gibt es kaum käufliche Weichen, die nicht zu beanstanden sind. Und sogar Selbstbauweichen sind viel zu selten nach den Gesichtspunkten einer guten Wartbarkeit konstruiert. Man sollte immer bedenken: Sobald eine Weiche fest ins Gleis eingebunden ist, kann kaum noch etwas verändert werden, und ganz schwierig wird es nach dem Einschottern.
Bei einer gut wartbaren Weiche sollten die Weichenzungen nach oben ausgebaut werden können! Alle anderen festen Teile sind, sobald sie in der richtigen Position festliegen, sozusagen wartungsfrei. Sowohl bei einer Wartung an den Zungenschienen als auch am Stellantrieb sollten die festen Weichenteile nicht im Wege sein und ohne Veränderung an Ort und Stelle verbleiben.
Nicht zu unterschätzen sind die Anschlußdrähte zu den Schienen. Wer optisch einwandfrei vorgeht, der lötet die Zuleitungen von unten auf die Schienenunterseite – vorausgesetzt, das Schienenmaterial läßt sich überhaupt löten. Bei Neusilber und – den kaum noch benutzten – Messingschienen ist Löten ein Kinderspiel. Bronze oder auch an der Oberfläche chemisch behandeltes Material sollte vorher mechanisch gesäubert werden. Das Löten selbst erfolgt mit einem sehr heißen elektrischen Lötkolben (30 VA) und unter ausreichender Zugabe von Flußmittel (Kolophonium).
Bei Stahl- bzw. Edelstahlschienen wird es schwierig. Lötzinn verbindet sich mit dem Stahl nur unter Zugabe von Phosphorsäure (Vorsicht: Säure!). Einfacher ist es, die Anschlüsse an die Schienenverbinder anzulöten. Diese Punkte sind auch im Nachhinein noch zugänglich, sollte eine Zuleitung vergessen worden sein. Die Federwirkung der Laschen garantiert einen guten Kontakt zur Stahlschiene. So läßt sich z. B. der feststehende Teil einer Weichenzunge wie die Zwischenschiene, wenn die Zungen nicht bis zum Herzstück laufen, für eine nachträgliche Polarisierung mit einem Stück Lasche versehen. Sind die Schwellen aus Spritzplastik, also aus einem Thermoplast, dann läßt sich die Lasche mit einem heißen Lötkolben auf das Schienenende aufdrücken. Nur so kann man nachträglich den Schienenweg nahtlos mit Spannung versorgen, so daß auch ein B-Kuppler ohne Rucken und Stehenbleiben über eine Weiche fahren kann.
Diese Maßnahme ist auch für das Punktkontaktsystem anzuwenden, wenn die Zwischenschiene im Zweischienensystem Spannung zum Rad überträgt und nach dem Umschalten der Weiche zum Punkt-

kontakt gehört. Wird die Zwischenschiene miteinbezogen, können die Punktkontakte im Weichenbereich unter die Höhe der Schienenoberkante abgeschliffen werden.
Mit dem Anlöten der Zuleitungen alleine ist es aber nicht getan. Die Führung durch die Trassenkonstruktion nach unten muß eine freie Beweglichkeit des Litzenendes garantieren! Das Litzenende selbst ist durch das Lot nicht mehr flexibel. Schon geringe Temperaturänderungen lassen bei straffer Verlegung den Zuleitungsdraht von der Metallschiene abreißen, da diese sich wesentlich mehr bei Temperaturänderungen ausdehnt oder zusammenzieht, als es die Unterkonstruktion aus Holz tut.
Die Bohrung, durch die die Anschlußlitze nach unten geführt wird, ist also, unabhängig von der Spurweite, mit 6 mm oder 8 mm Durchmesser ausreichend groß zu bohren. Die Oberfläche muß abgedeckt werden, damit anschließend beim Einschottern das Loch frei bleibt.
Der Weichenantrieb wird von unten durch einen entsprechend dimensionierten Schlitz – unter der Stellschwelle – entweder direkt per Stelldraht oder über eine Stelldrahtverlängerung auf den Zungenantrieb geführt. Man kann die Position direkt unter der Weiche wählen, wenn man das Arbeiten unter der Anlage nicht scheut. Bequemer ist die seitliche Unterbringung im Modulkanal. Wie bei den Hilfsrelais kann der Weichenantrieb mit Zusatzkontakten ausgestattet werden und so in die Verkabelung mit integriert werden. Bei passendem Weichenantrieb benötigt man also keine zusätzlichen Hilfsrelais! Auch ein entsprechendes Signalservo kann mit allen notwendigen Zusatzkontakten ausgestattet sein und so eventuelle Hilfsrelais überflüssig machen. Gezielt eingesetzte Mechanik spart also unnötige Elektrik, folglich auch Geld und Arbeit ein.
Welche Voraussetzungen muß ein Servo erfüllen? Neben dem Stellweg von einigen Millimetern muß eine ausreichende Stellkraft vorhanden sein. Federdraht gleicht den jeweils notwendigen Überhub zur tatsächlich benötigten Auslenkung aus. Unterschiedliche Montagerichtungen oder entsprechende Umlenkvorrichtungen müssen den flexiblen Einbau gewährleisten. Der leichte Aus- und Wiedereinbau eines Servos sollte durch bequem zugängliche Schrauben ermöglicht werden. Die Verbindung zum Stelldraht oder dessen Verlängerung muß leicht lösbar sein und eine Justagemöglichkeit vorsehen. Alle Verbindungsdrähte mit den Zusatzkontakten sind per Steckverbindung (SUB-D-15) von der Anlagenverkabelung zu trennen.
Wenn käufliche Servoantriebe nicht alle diese Voraussetzungen vorweisen, kann meist problemlos nachgerüstet werden, so daß zumindest die wichtigsten Wartbarkeitskriterien erfüllt sind. Allerdings sind hiermit noch nicht alle Kriterien für eine Integration in eine Modellbahnanlage gegeben. Auch die elektrische Ansteuerung muß passen und u.U. sogar mehreren Varianten genügen.
Ein erstes Problem ist meist die Unverträglichkeit zur früher üblichen Wechselspannung. Servos laufen mit Gleichspannung. Ist die Spannung für beide Richtungen gleich, paßt dies in unser bisheriges Konzept; denn wir haben ja die Wechselspannung aus Sicherheitsgründen aus den Modulen verbannt und verfügen z.Z. nur über positive ungeglättete Gleichspannung.
Ein Tastendruck nach Masse schaltet Weiche und Signal mit Servoantrieb nur dann in beide Richtungen, wenn die Schaltspan-

nung nicht umgepolt werden muß. Ein Umpolen der Betriebsspannung verlangt eine andere Verdrahtungstechnik in der Anlage. Muß umgepolt werden, kann nicht nach Masse geschaltet werden. Der Servo liegt nun mit einem Pol an Masse. Der auslösende Taster schaltet einmal nach Plus und für die andere Richtung nach Minus. Bei einem entsprechend konzipierten Gleisbildstellwerk mit Handauslösung ist das ein generell zu beachtender Konstruktionspunkt.
Wird die Fahrstraßenauslösung später mit elektronischen Komponenten erweitert, bereitet die Umpolschaltung allerdings unnötigen Aufwand. An Stelle des einfachen, nach Masse schaltenden Treibertransistors (z. B. ULN 2003 oder ULN 2803) muß jedes Servo per Operationsverstärker umgeschaltet werden. Es werden Spezialplatinen und eine negative Betriebsspannung benötigt.
Ein gänzlich neuer Gesichtspunkt für eine gleichbleibende Betriebsspannung und ein bewährtes Schalten nach Masse ist der Einfachstanschluß einer Modellbahnanlage an einen Computer. Dazu wird allerdings eine Eigenprogrammierung erforderlich sein, und eine Falschprogrammierung muß bereits im Voraus in Betracht gezogen werden. Übrigens eignet sich die Modelleisenbahn hervorragend zum Sichtbarmachen von Programmierabläufen, und die zwangsläufig auftretenden Fehler sollte jeder positiv betrachten, da man aus Fehlern ja bekanntlich am besten lernt. Ein Fehler sollte natürlich nie zur Zerstörung von Komponenten in der Modellbahnanlage führen. Leider sind diesbezüglich aber gerade die Magnetantriebe sehr anfällig.
Werden magnetische Schaltschieber dauererregt, dann brennen die Spulen durch, oder der Spulenkörper verformt sich durch die Hitze so stark, daß der Schieber nicht mehr läuft. Auch endabgeschaltete Magnetschieber sind gefährdet. Wird durch eine falsche Programmierung gleichzeitig auf beide Richtungen ein Auslöseimpuls gegeben, dann läuft der Schieber in die Mitte, wo beide Endabschalter geschlossen sind, bleibt dort stehen und geht relativ schnell in Rauch auf. Servos mit Umpolung gehen zwar nicht kaputt, aber die Elektronik könnte je nach Schaltung Schaden nehmen.
All diese Überlegungen werden bei den Vorschlägen für den Eigenbau eines einfachen Servos – mit einer Auslösung nach Masse und absoluter Betriebssicherheit für Impuls- und Dauererregung – in diesem Buch berücksichtigt. Ein konkreter Vorschlag mit Bemaßung wird gründlich durchgearbeitet. Man sollte dabei aber nie vergessen, daß auch ähnliche Baugruppen, z. B. fertige Getriebemotoren, verwendet werden können. Oft lassen sich anders aufgebaute Restposten in irgendeiner Form nutzen. Prinzipiell ist der Selbstbauservo ein immer in dieselbe Richtung laufender Getriebemotor. Ein Exenter bewegt eine doppelseitig gelagerte Schwinge hin und her. In der einen Maximalauslenkung schaltet der erste Endkontakt ab. Ein Weiterdrehen wird nur durch die Gegenseite erreicht, für die in Minimalauslenkung ebenfalls ein Endkontakt zuständig ist. Bei beidseitiger Erregung läuft der Servo ständig durch, was bereits akustisch sofort als Fehler erkannt wird. Durch die doppelte Schwingenlagerung können hohe Kräfte übertragen werden. Zusätzliche Schaltkontakte können in großer Zahl noch angeschraubt werden.

12. Der Selbstbauservo

Ein mechanischer Bauvorschlag innerhalb der Thematik „Elektrik“ mag zwar zunächst ungewöhnlich erscheinen; doch gerade die Modellbahnerei funktioniert nur durch die Vielzahl unterschiedlicher Techniken, und ein richtiger Modelleisenbahner sollte von jedem Gebiet etwas wissen. Was nutzt die noch so schön aufgebaute Landschaft, wenn durch mangelhafte Elektrik nur im Kreis gefahren werden kann und sich niemand nach Signalen richtet, weil diese z. B. gar nicht angeschlossen sind und nur zur Zierde in der Gegend stehen.

Die zu den Themen Weichenkontakte, Signalkontakte und Hilfsrelais bisher existierenden Lösungen können sicher noch weiterentwickelt, verbessert und durch ganz neue Vorschläge ergänzt werden.

Die vorliegenden Vorschläge zum Thema Selbstbauservo sind aus der intensiven theoretischen und praktischen Auseinandersetzung mit den sich ergebenden Problemen entstanden. Wie vorher schon erwähnt, besteht die einfachste Konstruktion aus einem fertigen Motor mit Getriebe. Die abgehende Welle wird zu einem Exenter umgearbeitet und eine doppeltgelagerte Schwinge damit angetrieben. Für einen passenden Stellweg lassen sich Drehpunkt und Hebellängen den anzutreibenden Weichenzungen, Signalflügeln oder auch Schrankenbalken anpassen. Leider sind immer dann, wenn man etwas Spezielles bauen möchte, keine passenden Teile zu finden. Das ist natürlich auch in der Elektronik so. Hat man einmal preisgünstige Restposten erfolgreich verarbeitet, dann wird man später vergeblich nach passenden Komponenten suchen.

Ein Nachbauvorschlag muß daher auf immer lieferbare Teile zurückgreifen. Zum Glück hat Conrad Electronic, Europas größtes Elektronik-Spezial-Versandhaus, auch entsprechend passende Mechanik im Angebot. Die für das Servo benötigten Teile sollten bei dieser Adresse also auch in Zukunft zu bekommen sein.

Folgendes Material wird benötigt :
6 Mikroschalter 36 x 21 x 7 mm 1 x UM Kontaktbelastung 4 A; 3 Zahnräder Modul 0,5 mit 10 und 50 Zähnen Achsbohrung 3,0 mm; Ritzel Modul 0,5 mit 10 Zähnen Achsbohrung 1,9 (2,0) mm; 12-V-Motor kleiner Leistung mit 6 mm Flansch und 2 mm Achse; Messingachsen 3,0 mm (Rohr mit 2 mm Innendurchmesser); Messing-Gewindestangen M2; Muttern M2; Zylinderkopfschrauben M3 x 28 mm; Senkschraube M3 x 10 mm; Muttern M3; Distanzrollen 5 mm und 15 mm mit 3 mm Bohrung; Unterlegscheiben 3 mm Bohrung; Lötzinn und eine Hartpapier-Platte mit Kupferauflage 100 mm x 160 mm.

An Werkzeug sind scharfe Bohrer mit den Durchmessern 2,0/3,0/3,1/3,4 und 6,0 mm notwendig. Für das Entgraten der Bohrungen brauchen wir einen Senker, den wir auch für eine 90°-Senkung nutzen. Ansonsten ist eine Laubsäge mit feinem Metallsägeblatt das Hauptwerkzeug. Zum Glätten der Sägeschnitte dient eine Flachfeile oder

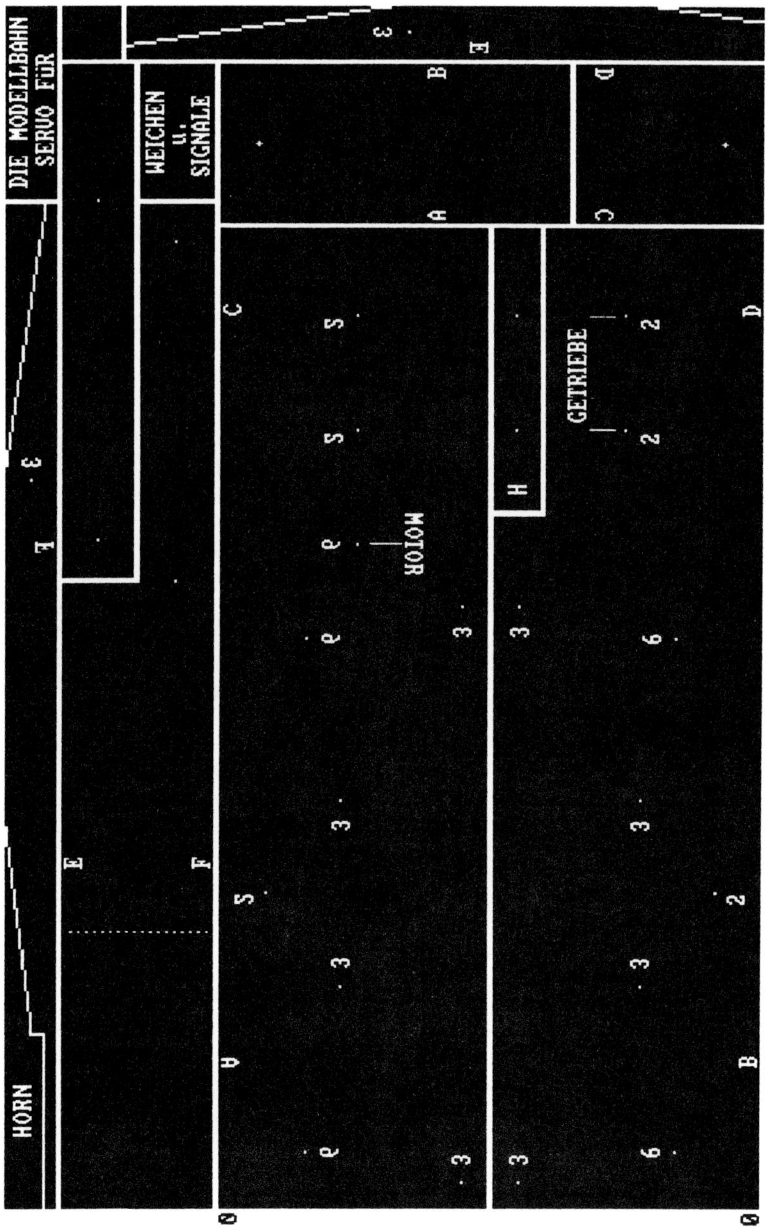

Abb. 11a Ätzvorlage Selbstbauservo

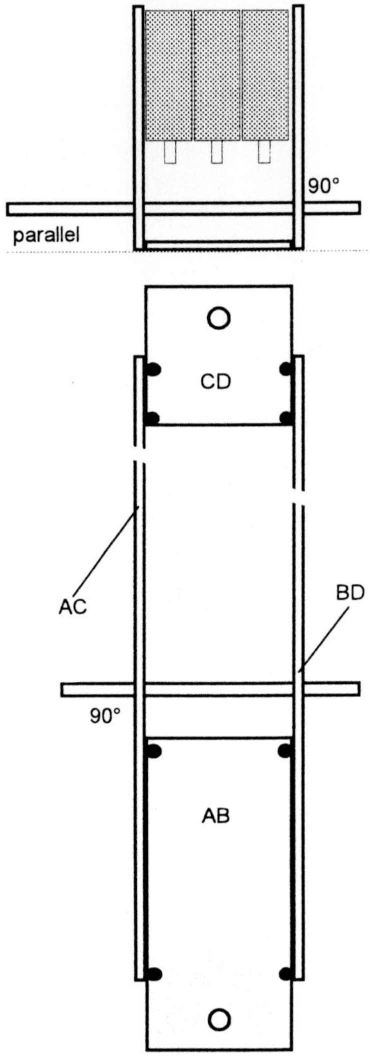

Abb. 11b Montage der Grund- und Seiten-Flächen

Sandpapier auf einer ebenen Unterlage. Weiterhin kann eine Nadelrundfeile für eventuelles Nacharbeiten nicht exakt sitzender Bohrungen nützlich sein. Unentbehrlich ist natürlich unser 30-VA-Lötkolben und Radiolot. Zum Messen brauchen wir eine ebene Unterlage, Anschlagwinkel und eine Schiebelehre.

Als erstes werden die Flächen aus dem Platinenmaterial ausgesägt. Sauberes Sägen spart spätere Nacharbeit, bei der man die Schnittflächen glättet! Nur die Flächen AB und CD sind exakt und parallelverlaufend auf 21 mm Breite zu bringen. Die Bohrungen werden gebohrt. Wer ganz genau arbeiten will, der kann zunächst alle Bohrungen mit einem 1-mm-Zentrierbohrer vorbohren, ehe mit 2,0 mm, 3,0 mm oder 6 mm fertiggebohrt wird.

Für die Montage der Getriebewände AC und BD benötigen wir alle Mikroschalter. Da die Schalteranschlüsse viel zu lang sind, müssen diese zuerst auf etwa 2 mm Restlänge abgesägt werden. Je drei Mikroschalter werden zu einem Paket zusammengelegt. Die Lötanschlüsse zeigen in die Mitte. Die Betätigungsstifte sind seitlich durch die 6-mm-Bohrungen zu sehen. Die Baugruppe wird mit vier M3-Schrauben plus Muttern leicht zusammengeschraubt. Die mit »0« gekennzeichneten Unterkanten sollen auf einer ebenen Unterlage stehen. Mit dem Anschlagwinkel wird überprüft, ob die Getriebewände senkrecht stehen. Stimmt der Winkel nicht ganz, kann das durch Drücken der Seitenwände korrigiert werden. Nur wenn die 3-mm-Bohrungen nicht zu den Mikroschaltern passen, kann es Probleme geben. Ein Nacharbeiten mit der Nadelrundfeile oder Aufbohren mit z. B. 3,4-mm-Bohrer schafft Abhilfe. Stimmt die Senkrechte, dann ist 6 mm über der Unterkante eine längere Gewindestange durch die 2-mm-Bohrung zu stecken. Die rechtwinklige Lage der späteren Achse zu den Seitenwänden muß ebenfalls stimmen!

Die Flächen AB und CD werden eingesetzt und fest auf die Unterlage gedrückt. Die Teile werden an den Enden verlötet. Nach dem Entfernen der äußeren Mikroschalter lassen sich weitere Lötpunkte setzen.

Es folgt das Zusammenlöten der Betätigungsschwinge aus den Teilen E, F und EF. E und F werden auf das Teil EF aufgelötet. Wieder wird zunächst nur ein Punkt gesetzt. Eine längere 3-mm-Achse wird in die 3-mm-Bohrungen gesteckt. Sind die Bohrungen sehr eng, dann ist vorsichtig mit der Nadelrundfeile nachzuarbeiten. Die Achse soll später noch fest sitzen. Wieder gilt es, die Rechtwinkligkeit bzw. die Parallelität zur ebenen Unterlage herzustellen. Stimmt diese, werden ausreichend viele Lötpunkte gesetzt.

Es kann vorkommen, daß die 3-mm-Bohrungen stark nachgearbeitet werden müssen. In diesem Fall ist die Messingachse in der rechtwinklig ausgerichteten Position festzulöten.

Die Schwinge hat eine maximale Breite von 20,7 mm. Nur so kann sie sich im Getriebekasten frei bewegen. Zur Überprüfung wird die Achse auf nur 20,9 mm Breite gekürzt, die ganze Baugruppe in die spätere Position gebracht und mit einer 2-mm-Gewindestange gelagert. Jetzt erkennt man, wieviel an den Schrägen der Schwinge noch abgenommen werden muß. Nach dem Entfernen kann ein weiterer Funktionstest erfolgen. Die Schwinge muß sich frei bewegen lassen und die Betätigungsstifte der Mikroschalter bis auf ihre Gehäuseoberfläche eindrücken.

Alle Schrauben kann man bis zu den Mut-

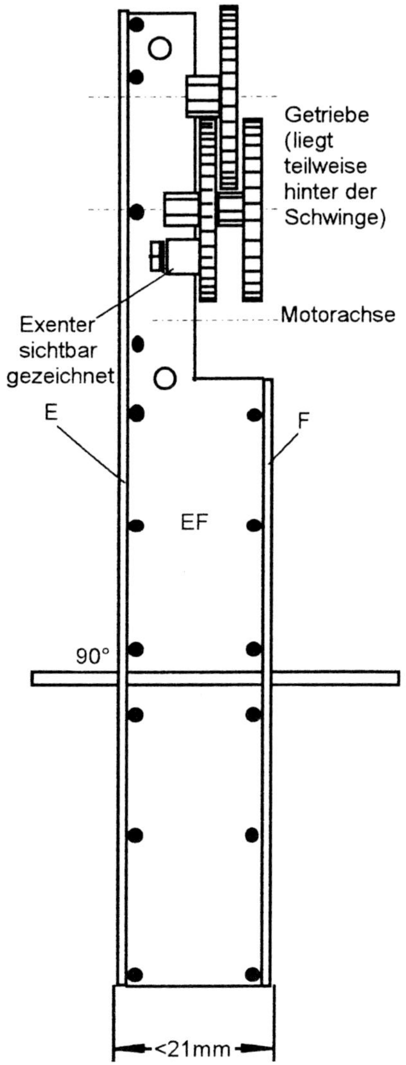

Abb. 11c Montage der Schwinge

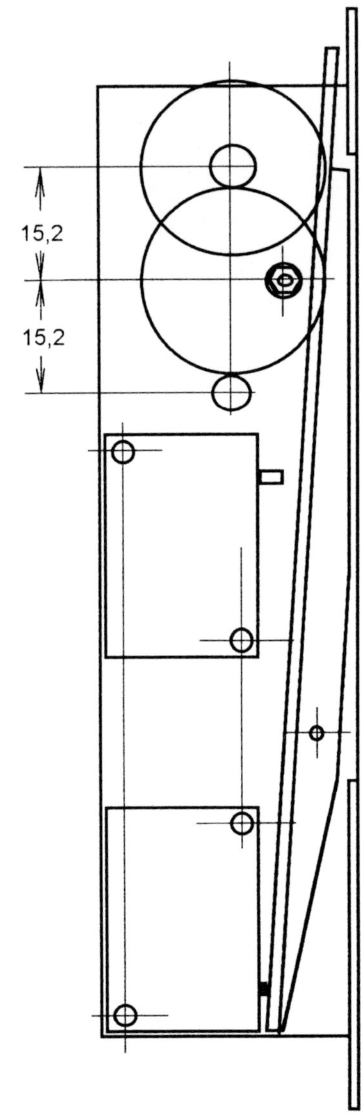

Abb. 11d Servo Seitenansicht

tern kürzen. Nun folgt die Vorbereitung der Zahnräder. Die Doppelzahnräder (10/50 Zähne) werden auf dem 3,1-mm-Bohrer so lange gedreht und hin- und herbewegt, bis sich die Zahnräder auf der 3-mm-Messingachse leicht, aber ohne zu wackeln, drehen. Ist kein Bohrer mit 3,1 mm aufzutreiben, kann man das Vergrößern der Zahnradbohrungen auch mit der Nadelrundfeile erreichen.

Als Zahnradachsen dienen zwei 21 mm lange Messingröhrchen mit 3 mm Außen- und 2 mm Innendurchmesser. In die Fläche H mit zwei 3-mm-Bohrungen werden die Achsen eingedrückt, nachdem die Enden z.B. durch Drehen auf dem Sandpapier sorgsam angefast wurden. Die Achsen müssen winklig zur Grundfläche und parallel zueinander stehen. Der Abstand beträgt 15,2 mm. Die aufgesteckten Zahnräder müssen ohne Klemmen, mit ausreichendem Spiel ineinandergreifen und sich leicht drehen lassen. Das Abtriebszahnrad wird in einem Loch auf der entgegengesetzten Seite zum Ritzel mit 10 Zähnen abgesenkt, bis der Schraubenkopf der Senkkopfschraube M3 dort hineinpaßt. Auf die durchgesteckte Schraube wird die 5-mm-Distanzhülse und eine Unterlegscheibe gesteckt und mit einer M3-Mutter festgeschraubt. Auf die Achse mit dem Exenterzahnrad werden zusätzlich noch zwei Scheiben geschoben. Mit einem Klebepunkt kann später eine Scheibe fixiert werden, um ein Wandern der Zahnräder zu verhindern.

Die drei Zahnräder werden auf die beiden Achsen geschoben und mit der Tragplatte H zur Getriebeseitenwand BD zwischen beide Getriebewände geschoben. Die Achslöcher sollten sich auf beiden Seiten mit den 2-mm-Bohrungen decken. Zwei

2-mm-Gewindestangen sollten sich also ohne Probleme durchstecken lassen. Ist das nicht der Fall, muß wieder nachgearbeitet werden. Die Gewindestangen werden beidseitig mit M2-Muttern gekontert und danach abgelängt.
Das Ritzel wird vorsichtig auf die Motorwelle geschoben. Dabei muß der Gegendruck auf das entgegengesetzte Wellenende erfolgen. Wird das Motorgehäuse abgestützt, dann kann der Motor Schaden nehmen. Der Motor wird mit Zweikomponentenkleber in die Motorbohrung eingeklebt.
Beim Einkleben muß sorgfältigst darauf geachtet werden, daß kein Kleber an die Motorwelle oder an die Zahnräder kommt. Der eingeklebte Motor selbst läßt sich relativ leicht wieder heraushebeln, wenn ein Auswechseln oder eine Korrektur notwendig werden sollte.
Das mit 15,2 mm angegebene Maß stimmt natürlich nur für die vorgeschlagenen Zahnräder mit Modul 0,5 und 10 bzw. 50 Zähnen. Werden Motoren aus Restposten und einem 8-Zähne-Ritzel verwendet, ist der Motor um einige Zehntelmillimeter an das 50er-Zahnrad heranzurücken. Dazu wird zuerst wie vorgesehen mit 5 mm gebohrt und dann mit einer Rundfeile der seitliche Versatz und das 6-mm-Loch herausgearbeitet.
Die Doppelzahnräder werden normal mit vier Bohrungen ausgeliefert, die sich 7 mm außer der Mitte befinden. Das Abtriebsrad verfügt ebenfalls über ein Ritzel. Dieses wird aber nicht benutzt, da die danebensitzende Distanzrolle als Exenter dient.
Die Abmessung der Baugruppe erzeugt einen Kreisbogen mit 19 mm Durchmesser. Auf die Schwinge schrauben wir den nicht gekennzeichneten Hartpapierstreifen, wobei zwei 15 mm lange Distanzbolzen den

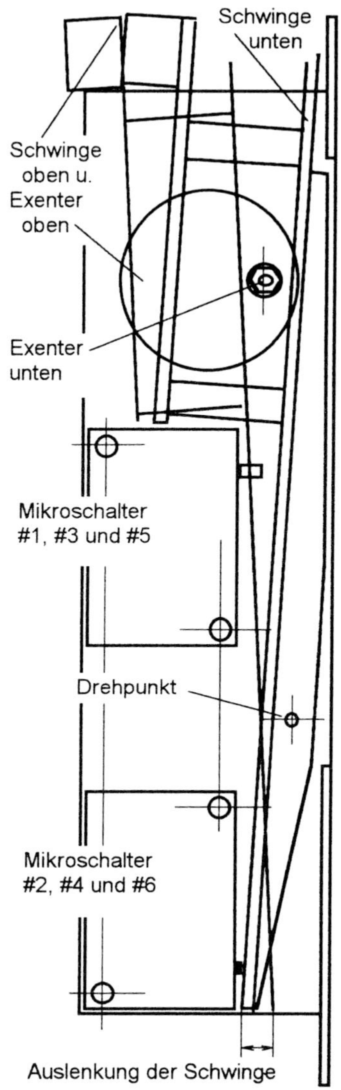

Abb. 11e Schwingenauslenkung

Abstand erzeugen, der vom drehenden Exenter pro Zahnradumdrehung für eine Auf- bzw. Abwärtsbewegung benötigt wird. Die Abmessungen sind so gewählt, daß die Schwinge am langen Ende 10 mm Hub aufweist und die Mikroschalter exakt betätigt werden.

Nur wenn sich Toleranzen ungünstig addieren, kann die Schwinge u.U. irgendwo anstoßen und nicht die geplante Auslenkung erreichen. Durch Unterlagscheiben kann der Freiraum verändert werden.

Ohne zusätzliche Unterlegscheiben sind die M3-Zylinderkopfschrauben genau 20 mm lang. Kommen Unterlegscheiben dazu, sind längere Schrauben zu verwenden. Allerdings müssen die Schrauben sofort gekürzt werden, um ein Anschlagen am Bodenteil CD zu vermeiden. Zum Testen läßt sich vorübergehend eine am Zylinderkopf sitzende Kontermutter nutzen, um die Schraubenlänge zu begrenzen.

Beide M3-Muttern unter der Schwinge sollte man festlöten oder festkleben. Es ist besonders mit zusätzlichen Unterlegscheiben sehr lästig, wenn man zum Distanzbolzen und dem Hartpapierstreifen auch noch die M3-Muttern bei der Montage festhalten muß. Sobald der Servo funktioniert, werden beide Schrauben noch mit einer weiteren Funktion versehen. Die Schubstange kann hier befestigt werden. Außer man lötet das 7 x 8 mm große Reststück aus Hartpapier unter 90° auf das Schwingenende auf und schafft so eine Befestigung z.B. für eine Ansatzschraube, in die das zu einer Öse gebogene Ende der Schubstange eingehängt wird.

Die so befestigte Schubstange ist leicht zu lösen. Allerdings muß sie unter der Trasse durch ein federndes Zwischenteil auf den tatsächlich benötigten Hub an der Weiche angepaßt werden. Es dürfte kein Problem sein, mit etwas Phantasie aus dem leicht zu bearbeitenden Hartpapier passende Umlenkhebel mit Lagerbock anzufertigen. Manchmal bieten sich sogar Speziallösungen an. So kann man z.B. bei einer Gleisverbindung zwei Weichen mit einem Servo antreiben. Wenn man in Fahrwegen denkt, dann macht es schließlich keinen Sinn, wenn eine Weiche auf „Abzweigen" gestellt wird und die anderen Weichenzungen in Fahrtrichtung gesehen auf „Gerade" stehenbleiben.

Soll der bereits erwähnte SUB-D-Steckverbinder zum Einsatz kommen, wird Plus mit Stift 1 verbunden. Der zweite Motoranschluß wird mit der Mitte von zwei Mikroschaltern verbunden. Es ist aus jedem Dreierpaket ein Schalter zu nehmen. Beginnen wir mit dem Mikroschalter, der dem Motor am nächsten auf der Seitenwand AC sitzt. Sein Ruhekontakt geht auf Stift 2. Der gegenüberliegende Schalter – auch an der Seitenwand AC – liegt mit der Kontaktmitte also ebenfalls am Motor. Sein Ruhekontakt wird mit Stift 3 verbunden. Sobald Stift 2 oder 3 über Schaltelemente mit Masse Verbindung bekommen, läuft der Servo in die entgegengesetzte Position.

Der Mikroschalter 3 – in der Mitte auf Motorhöhe – erhält die Anschlüsse Ruhe/Stift4, Mitte/Stift5 und Arbeit/Stift6. Der Mikroschalter 4 – ebenfalls in der Mitte, aber gegenüber im anderen Schalterpaket – wird mit Ruhe/Stift7, Mitte/Stift8 und Arbeit/Stift9 gedrahtet. Der Mikroschalter 5 – wieder auf Motorhöhe – erhält die Anschlüsse: Ruhe/Stift10, Mitte/Stift11 und Arbeit/Stift12. Der verbleibende, sechste Mikroschalter geht an die letzten drei Stifte: Ruhe/Stift13, Mitte/Stift14 und Arbeit/Stift15.

13. Stoppweichen und Masseschiene

Modelleisenbahner, die das symmetrische Punktkontaktgleis benutzen, kennen diesen Weichentyp nicht. Diejenigen, die auf dem unsymmetrischen Zweischienensystem fahren, sollten darüber jedoch einiges wissen. Hinter dem Herzstück liegen beim Zweischienengleis ohne vorhandene Drahtbrücken zwischen der Außen- und Innenschiene spannungslose Schienen vor. Beim Punktkontaktgleis führen ja beide Schienen wie beim großen Vorbild Masse. Dadurch, daß am Herzstück beim Zweischienensystem notwendigerweise die Spannungspolarität wechselt, wird ein Schalter notwendig, um hier entsprechend der Stellung der Weichenzungen die jeweils korrekte Spannung bereitzustellen.
Die Weichenzungen selbst sind als elektrischer Schalter unzuverlässig. Mit unserem Weichenservo haben wir aber hierfür genau die richtigen Voraussetzungen geschaffen. Da außerdem genügend Zusatzkontakte vorhanden sind, lassen sich alle Schienen für jedes verzweigende Gleis – also beidseitig wie bei FREMO gewünscht – trennen bzw. entsprechend der Weichenstellung richtig polarisiert mit Fahrspannung versorgen. Man kann für eine STOPP-Weiche, bei der das nicht in Richtung Weichenzungen liegende Gleis stromlos geschaltet ist, bei anderer Betrachtung auch Schaltweiche sagen.
Beim analogen Modellbahnbetrieb wird durch eine Stoppweiche zusätzliche Sicherheit erreicht, da nur der Fahrweg mit Spannung versorgt wird, der durch die Stellung der Weiche auch mechanisch vorgegeben ist. Das läßt sich über beliebig viele Weichen ausdehnen. Zuordnungsschalter für nicht im Fahrweg befindliche Gleise mit abgestellten Fahrzeugen können entfallen; es sei denn, man will auf einem Gleis noch durch weiter unterteilte Segmente unter mehreren Fahrzeugen auswählen.
Stoppweichen oder Schaltweichen funktionieren aber nur, wenn die Spannungsversorgung vom gemeinsamen Gleis ausgeht. Unser Konzept, von der Strecke aus über den Signalzusatzkontakt die Fahrspannung der Strecke auf das Bahnhofsgleis zu leiten, ist also goldrichtig.
Allerdings muß die Einspeisung nicht immer auf das gemeinsame Gleisstück einer Weiche erfolgen. Wie schon im Buch „Die Modellbahn“, Teil 1 Seite135, angedeutet, kann auf zwei unterschiedlichen Strecken (Blöcken) über zwei nebeneinanderstehende Einfahrsignale die erste Weiche wie ein Auswahlschalter fungieren, die dem eingestellten Fahrweg entsprechende Fahrspannung auswählen und danach wieder auf die folgenden Bahnhofsgleise richtig verteilen. Es ist eigentlich unverständlich, warum in der Modellbahnpraxis diese Technik zur automatisch richtigen Einspeisung der Fahrspannung so selten angewandt wird. Haben hier die etablierten Modellbahnfirmen mit dem Verkauf der leichter herstellbaren Doppelspulenantriebe eine sinnvolle elektrische Schaltungstechnik verhindert?

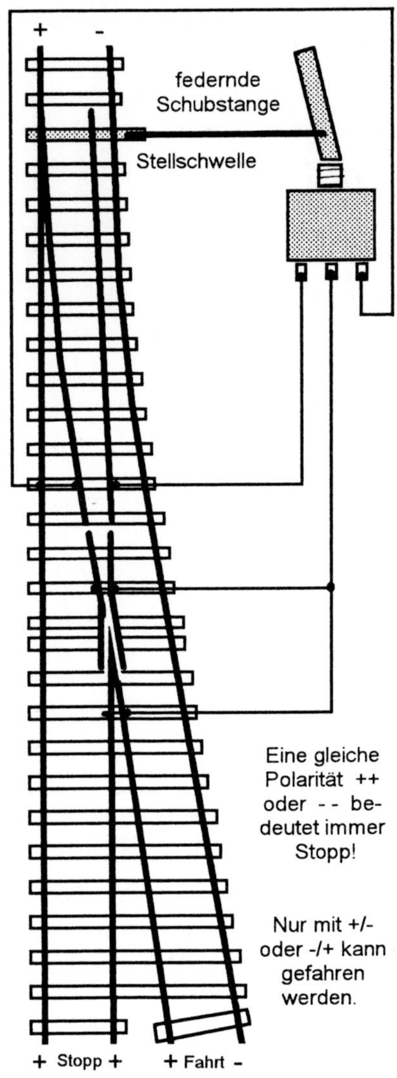

Abb. 12a Weichenpolarisierung

Dieses Prinzip gilt auch beim so betriebssicheren Punktkontaktgleis: Ein analoges Fahren kann nur richtig funktionieren, wenn die Fahrspannung mit dem Fahrweg übereinstimmt!

Das Hilfsrelais zur Weiche ohne schaltende Zusatzkontakte und den Servoantrieb mit vier frei verfügbaren Umschaltkontakten haben wir in den vorangegangenen Kapiteln kennengelernt. Die Abbildungen zeigen die prinzipielle Kabelführung. Wenn wir immer eine Bahnhofshälfte mit dem Weichenfeld und den dazugehörenden Signalen als eine Einheit betrachten, ist diese recht einfach und platzsparend.

Weil dieses Thema so wichtig ist, sollen die exakten Verbindungen an der noch nicht besprochenen handgestellten Weiche im Detail gezeigt werden – stellvertretend für alle anderen Antriebsarten. Egal wie die Umschalter im einzelnen Fall aussehen, benötigen wir für eine Weiche des Zweischienensystems mindestens einen Umschalter. Hierbei wird vorausgesetzt, daß die Weichenzungen elektrisch voneinander getrennt eingebaut sind und über Lagerpunkte oder flexible Drähte immer die gleiche Spannung wie ihre Backenschiene führen. Dadurch besteht an der engsten Stelle – in Richtung Herzstück – die Möglichkeit, daß ein durchfahrendes Rad einen Kurzschluß verursacht. Deshalb muß der Abstand breit genug sein, oder die Enden der Weichenzungen müssen abgetrennt werden und als Zwischenschienen feststehen sowie elektrisch so aufgebaut sein, daß sie zum Herzstück gehören.

Zwischenschienen und Herzstück sind also zu polarisieren!

Das Herzstück kann durch die entsprechend angespitzten und miteinander verlöteten inneren Schienen gebildet werden.

Beide Schienen können sogar länger als eine Lok sein und so gleichzeitig als Stoppgleis dienen.
Der Vorschlag, die Weiche mit dem Schalterhebel zu stellen und gleichzeitig die Kontakte zur korrekten Spannungsversorgung heranzuziehen, ist uralt und beim Nebenbahnbetrieb für den nebenherlaufenden Lokführer genau die richtige Lösung. Da es auch Kippschalter mit vier Umschaltern an einem Hebel gibt, läßt sich sogar eine Punktkontaktweiche in eine multifunktionale Gleisanlage integrieren. Um in einem Modellbahnclub z. B. niemanden vom Betrieb an der gemeinsamen Anlage ausschließen zu müssen, kann sich das Gleis alternativ aus einem Zweischienengleis oder einem Punktkontaktgleis mit zwei Masse führenden Schienen zusammensetzen. Allerdings sind ein paar konstruktive Dinge bei der dafür eingesetzten Weiche zu beachten. Die Zwischenschienen sind normalerweise spannungslos. So umgeht man Kurzschlüsse zwischen Skischleifer und Masse. Das bedeutet natürlich für B-Kuppler eine Unterbrechung bei der – ansonsten möglichst durchgehenden – Spannungsversorgung. Die Zwischenschienen werden daher über die Schalter S1 und S2, die auch im Servo vorhanden sind, mit Strom versorgt. Gleichzeitig kann man die Pukos auf Schienenoberkante abschleifen. So können nun auch kurze (leichte) Loks mit Skischleifer über die Weiche fahren, ohne nach oben abgehoben zu werden. Mit S3 erhält das Herzstück Fahrspannung oder Masse. S4 liefert die Stoppfunktion, sobald alle Schienentrennungen vorhanden sind. Das Abschleifen der Pukos kann aber über die Skischleifer im mit dem Pfeil gekennzeichneten Bereich Kurzschlüsse verursachen, sollten die Weichenzungen

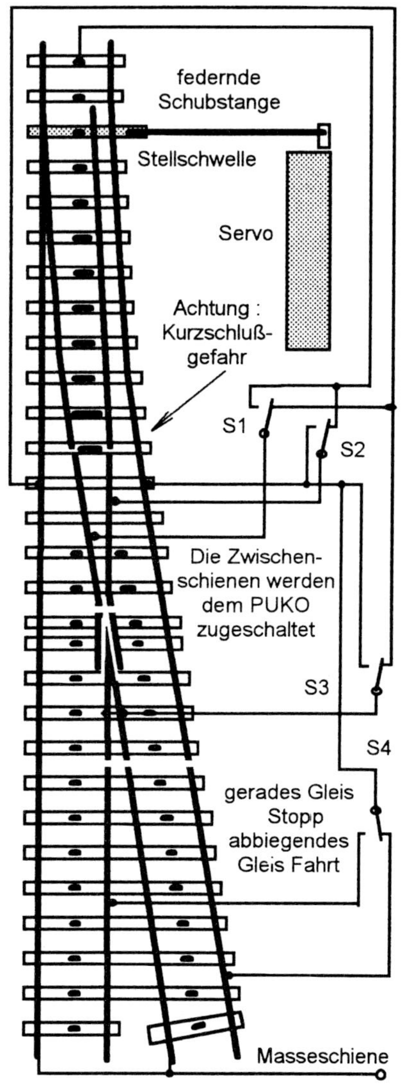

Abb. 12b Die Pukoweiche für Universalfahrbetrieb =/~

nicht isoliert eingebaut sein. Generell wird in einer derartigen Anlage eine durchgehende Masseschiene verwendet.

Bevor die Themen Hilfsrelais bzw. Hilfskontakte weiter besprochen werden, müssen wir das Thema Masseschiene, an dem sich die Geister der Modellbahnerei scheiden, genauer betrachten. Das symmetrische Gleis mit Punktkontakt oder Oberleitung ist von dieser Frage nicht betroffen. Hier führen im Normalfall beide Schienen immer Massepotential – wie beim großen Vorbild auch. Eine Schiene kann, bei isoliertem Aufbau, als Kontaktschiene genutzt werden, mittels einfahrender Züge bestimmte Vorgänge auslösen oder eine Gleis-Besetzt-Meldung erfolgt.

Beim Zweischienengleis ohne zusätzliche Stromabnahmemöglichkeit können beide Schienen ohne Potentialbezug verlegt sein. In diesem Fall sind die Gleistrennungen jeweils auf gleicher Höhe in beide Schienen einzubringen. Diese Anschlußart haben wir in den vorangegangenen Kapiteln schon kennengelernt. Sobald wir mit einem am Trafo angeschlossenen Fahrregler arbeiten, der einen Polwendeschalter besitzt und die Fahrspannung am Gleis zur Fahrtrichtungsänderung einer schienenbezogen fahrenden Lok umpolen kann, sind beide Schienen gleichberechtigt und zum Nachbarsegment isoliert einzubauen. Das muß jedoch nicht so sein! Solange man keine Elektronik benutzt und die Fahrspannung direkt vom Gleichstromtrafo stammt, gilt auch für das Zweischienensystem das Prinzip der durchlaufenden Masseschiene. Alle Trafos einer Anlage sind masseseitig miteinander verbunden. Nur die sogenannte Stromschiene wird abgetrennt und bildet das von einem Trafo bediente Streckensegment. Weitere Schienentrennungen können in der Stromschiene mit der Hilfe von AN-Schaltern (EIN/AUS) für einen betriebsbedingten Halt sorgen, obwohl die Trafospannung weiterhin aufgedreht bleibt. Eine exakt definierte Masse bietet auch bei einzubauender Elektronik Vorteile. Allerdings muß hier in größeren Dimensionen gedacht werden, so daß es sich auch wirklich lohnt. Es ist immer die Geldfrage, die bestimmt, wie am besten vorzugehen ist, was für Komponenten und auch wieviele eingebaut werden sollen. Bei vielen, kurzen Gleissegmenten mit je einer DIN-Buchse wäre eine durchgehende Masseschiene totaler Unsinn. Auf viele Gleissegmente kommt eine nicht genau zu bestimmende Menge von Handreglern. Rein theoretisch könnte das Verhältnis von Gleissegment zu Regler 1:1 sein! Wer baut schon in einem solchen Fall Handregler mit doppelter Elektronik, um die Polwender zu ersetzen?

Betrachten wir aber unsere Anlagenentwicklung. Die Fahrstrecke wurde immer länger. Der Regler wanderte auf die Strecke, und automatische Hilfen schalten den Fahrstrom über die Strecke von Bahnhof zu Bahnhof. Wir fahren entsprechend dem großen Vorbild in einem geschützten Bereich, in dem kein anderer Zug zu erwarten ist. Lassen wir nun eine der Schienen ohne Trennstellen durch die gesamte Anlage laufen, dann sparen wir bei unseren Hilfskontakten immer den zweiten Kontakt, da die Masseschiene nicht mehr geschaltet werden muß. Der Streckenregler mit seinem Polwendeschalter kann nur unter der Bedingung beibehalten werden, daß er einen eigenen Versorgungstrafo erhält und der Versorgungsbus nicht benutzt wird! Eine anders aufgebaute Reglerelektronik bietet aber die Möglichkeit, BUS und Schienenmasse gleichzeitig zu nutzen.

14. Blockautomatik

Im Kapitel 7 „Fahren im Block“ hatten wir die Einschränkung, daß die Fahrtrichtung vorgegeben war und Gegenverkehr auf keinem Gleis erlaubt wurde. Der Vorteil hierbei ist, daß beispielsweise kein Polwendeschalter im Streckenregler benötigt wird. Man kann seine Modellbahnanlage natürlich so aufbauen und generell mit immer positiver Fahrspannung nur vorwärts fahren. Bei diesen klaren Verhältnissen erhalten wir durch die Masseverbindung auf der Versorgungsleitung #1, #11 und #21 auf der Strecke eine Pseudo-Masseschiene, da nie umgepolt wird.

Für den Bahnhofsbereich gilt aber weiterhin die beidseitige Gleistrennung und zweipolige Umschaltung zwischen Streckenregler und Rangierregler. Solange sich die Versorgungsspannung auf mehrere Fahrregler verteilt und einer davon die Polwendung benutzt, muß zweiseitig getrennt werden. Für eine übergreifende Streckenreglerschaltung resultieren daraus mindestens drei Umschaltkontakte am Signal.

Man könnte denken, daß der im Streckenregler vorhandene Gleisbesetztmelder sich bei gleichbleibender Fahrtrichtung recht einfach für einen nach rückwärts wirkenden Selbstblock nutzen läßt. Wie schon erwähnt, sind im Stromweg des Streckenreglers zwei Leistungsdioden eingebaut, die schon bei einer geringen Stromentnahme – weniger als 1 mA – einen Spannungshub erzeugen, der über nachfolgende Transistorstufen ausgekoppelt wird. Es entsteht ein Massepegel, mit dem z. B. ein Hilfsrelais aktiviert werden könnte, das dann wiederum das Losfahren eines nachfolgenden Zuges unterbindet.

Diese Schaltungsart verstößt jedoch gegen ein Sicherheitsprinzip der Bahn: Wenn ein sich in Arbeitsstellung befindender Relaiskontakt den nachfolgenden Zug stoppen soll, könnte bei einem Stromausfall das Relais abfallen – trotz des bestehenden Besetztstatus. Züge könnten mit dieser Schaltung auf den vorangehenden auffahren, was auf keinen Fall riskiert werden darf.

Man kann aber den Massepegel BESETZT dazu nutzen, daß ein rückliegendes Ausfahrsignal nicht auf Hp1 gestellt werden kann. Eine einzelne Besetztmeldung ist jedoch noch nicht ausreichend, um das vorzeitige Nachrücken eines Zuges mit genügender Sicherheit zu verhindern. Hier müssen zusätzliche Besetztmelder unterstützend mitwirken. Nur, wenn sowohl die Strecke als auch das Stoppgleis am Einfahrsignal und die Gleissegmente im Bahnhof bis zum Ausfahrsignal alle FREI sind, darf die Fahrt von Bahnhof zu Bahnhof erlaubt werden. Gleichzeitig beschränken wir unsere Automatik auf ein Fahren ohne ablenkende Weichen, damit nicht noch mehr Gleisabschnitte überwacht werden müssen und schaltungstechnisch aufwendige Abhängigkeiten dazukommen.

Bevor wir uns den Zusatzkomponenten für eine Automatik zuwenden, kann zuerst der Streckenregler reduziert und vereinfacht werden. Das Richtungsrelais mit seiner Speicherelektronik entfällt. Eine weitere Än-

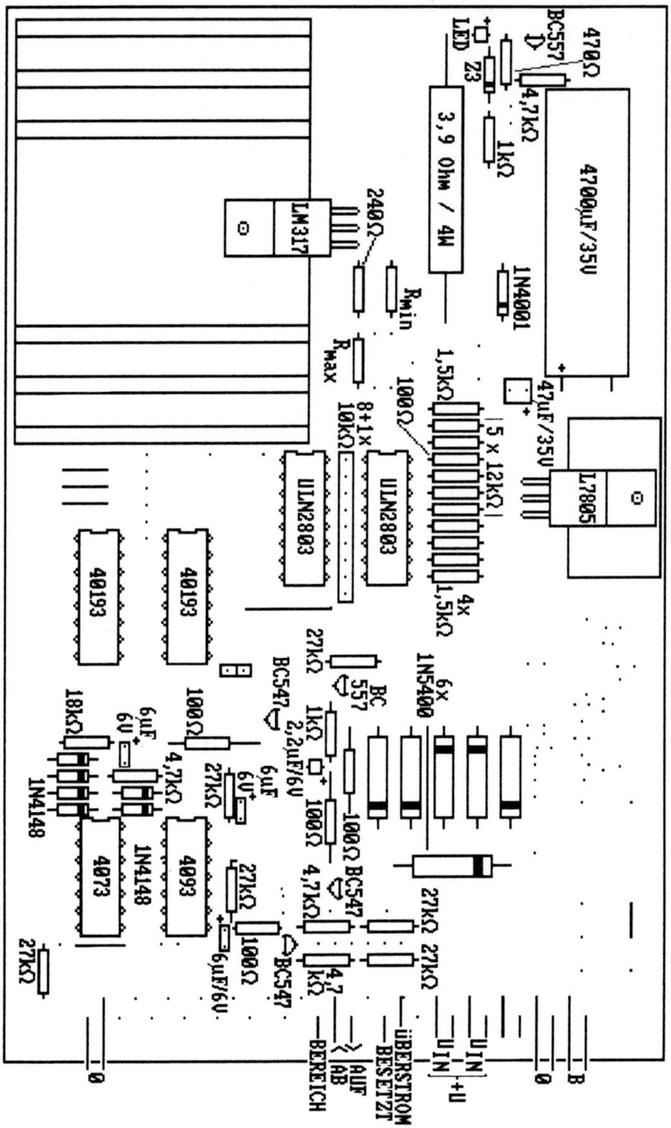

Abb. 13 Der vereinfachte Streckenregler für Minimalfahrt und Stopp beim Bereich

derung wird bei den Einstellwiderständen vorgenommen. Es bleibt als Mindestfahrwert soviel Spannung erhalten, daß die Loks nicht anhalten. Das setzt natürlich gleichartiges Lokverhalten im unteren Spannungsbereich voraus. Um trotzdem anhalten und gezielt losfahren zu können, wird der „Bereich" zusätzlich genutzt.

Bestimmt stehen jetzt einige Fragen im Raum. Einige der Punkte, die Voraussetzung für die zu beschreibende Blockautomatik sind, wurden schon genannt; um aber den Ablauf richtig nachvollziehen zu können, sollte man eigentlich ein Flußdiagramm erstellen. Bei allen Abläufen auf einer Modellbahnanlage ist neben den Fahrwegen die Zeit zu beachten. Es ergeben sich immer wieder Abhängigkeiten, die Fragen aufwerfen. Wir können daher nur Schritt für Schritt vorgehen und uns langsam mit der Problematik vertraut machen.

Als Anhaltspunkt dienen uns in der nebenstehenden Abbildung die Strecke und das für unsere Fahrtrichtung in Frage kommende Bahnhofsgleis. Der Streckenregler mit seinem auf Strom reagierenden Besetztmelder kann bei Hp0 nur eine Aussage über den Status der Strecke machen. Die Stoppgleise N am Signal N, A1 am Signal A1 und N1 am Signal N1 sind spannungslos. Steht hier ein Fahrzeug, dann muß die Meldung „Besetzt" oder umgekehrt „nicht Frei" bis zur automatischen Streckenelektronik durchkommen.

Nur wenn A1 und N1 – eigentlich auch noch das Gleis an der Weiche W1 und Gleis1 – frei sind, darf die Fahrstrecke von N nach N1 freigeschaltet werden. Gleichzeitig muß am Streckenregler NICHT BESETZT oder auch FREI gemeldet werden. Auslösen sollte diesen Vorgang eine am Signal N auf die Abfahrt wartende Lokomo-

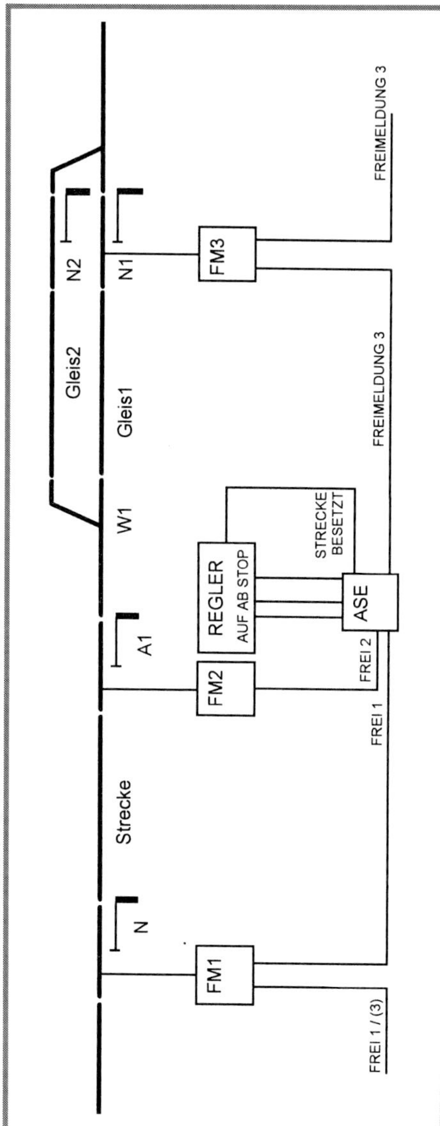

Abb. 14 Automatische Streckenelektronik

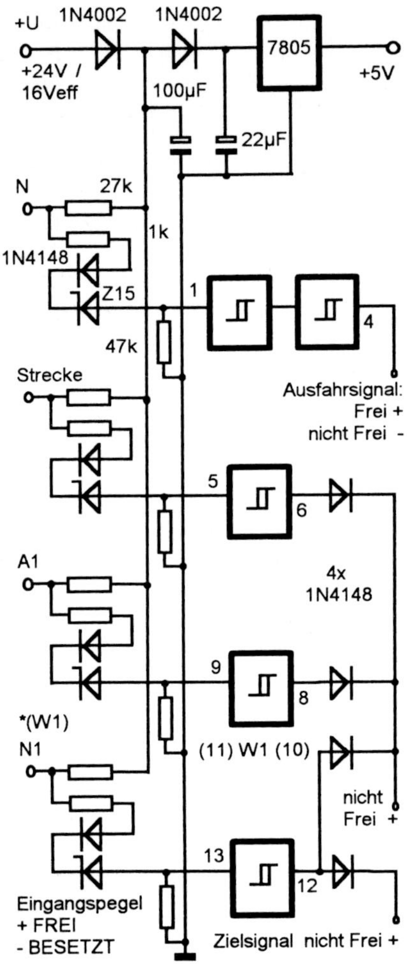

Abb. 15 Freimelder

tive. Dabei stellt sich die Frage, ob hier zeitliche Verzögerungen miteingebaut werden sollen? Schließlich wird im Bahnhof bei einem Personenzug Aus- und Eingestiegen. Und noch etwas: Das Ausfahrsignal zeigt zwar GRÜN – aber der Zugführer muß trotzdem noch den Erhalt des Abfahrauftrages abwarten, bevor er weiterfährt. Das bedeutet für ein modellbahngerechtes Fahren, daß der Zug erst viele Sekunden nach dem Stellen von Signal N auf Hp1 und von Signal A1 auf FAHRT losfährt.

Bei unserer Automatik ist die erste Voraussetzung für das In-Gang-Setzen der Elektronik die UND-Bedingung: Freimelder 1 „nicht frei“ UND Strecke „nicht besetzt“ UND FM2 „frei“ UND FM3 „frei“. Der Streckenmelder führt nach ungeschriebener Norm bei BESETZT Massepotential. Ein NPN-Transistor verbindet den Ausgang, einen offenen Kollektor, über den Emitter mit Masse. Das erfordert für die Meldung NICHT BESETZT eine Plusspannung und einen externen Arbeitswiderstand, die in der ASE vorhanden sein müssen.

Bei der Freimeldung haben wir das gleiche Meldeprinzip. Die von der ASE zur Verfügung gestellte Plusspannung geht über einen Arbeitswiderstand an die Stromschiene des jeweiligen Schienensegmentes. Die Lok mit ihrem Motor ist jetzt der Schalter, der die Verbindung nach Masse herstellt – das Ergebnis: NICHT FREI. Voraussetzung ist hierbei ein hochohmiger Arbeitswiderstand, der bei der Höhe der Überwachungsspannung nur so wenig Strom liefert, daß die Lok sich nicht fortbewegt. Im allgemeinen ist das nur bei den eisenlosen Hochleistungsmotoren möglich.

Der Freimelder ist nur für spannungslose Gleisabschnitte konzipiert. Gelangt Fahrspannung an diesen Abschnitt, dann wird sofort NICHT FREI gemeldet. Da die Fahrspannung etwa zwischen +3 V und +12 V (oder auch +16 V) liegt, ist sie immer niedriger als die Überwachungsspannung. Die hochohmige Spannung wird immer auf den Wert der niederohmigen Fahrspannung zusammenbrechen. Eine Freimeldung ist also gar nicht mehr möglich. Bei Freimeldung wird überprüft, ob ein Fahrzeug auf dem Gleisstück steht oder ob dieses Stück Gleis bereits in eine neue Fahrstrecke eingebunden ist. Das Gleisstück gilt damit zwangsläufig als NICHT MEHR FREI – allerdings auch als NICHT BESETZT.

Bei der übergreifenden Signalkontaktschaltung ist es durchaus möglich, daß eine längere Fahrstrecke ohne vorhandenen Zug frei geschaltet ist. Eine auf Abfahrt wartende Lok kann für die Freischaltung der Strecke genutzt werden, wodurch sie im Anschluß in den Bereich des Streckenreglers übernommen wird. Das Gleisstück N wird über den Umschaltkontakt bei Hp1 mit dem Streckenregler verbunden. Der Freimelder signalisiert NICHT FREI, und gleichzeitig sendet der Gleisbesetztmelder BESETZT.

Für den ersten Schritt bedeutet dies unter elektrischem Aspekt, daß der Streckenregler eine Plusspannung als Schaltpegel bereitstellen muß. Das gleiche gilt für die Freimelder #2 und #3. Anders arbeitet Freimelder #1: Wenn sein Pluspegel nach Masse NICHT FREI schaltet, wird gestartet. Die Automatik endet mit dem Freimelder #3 und einem dort auftretenden Massepegel. Die Signale N und A1 müssen dazu auf FAHRT gestellt werden. Durch die Umschaltkontakte ergibt sich die übergreifende Fahrstrecke von N bis zum Gleis1. Das Gleissegment N1 bleibt davon unberührt. Es bildet ja den Notstopp für einen sich von N/A1 nähernden Zug. Geht N1 auf Hp1, dann gehört dieses Gleisstück zur nächsten Strecke!

Der erste Baustein, der mit den für CMOS unüblichen und zerstörerischen Spannungen in Berührung kommt, ist der 40106 mit sechs Schmitt-Triggern. Da wir mit der Fahrspannung und den fahrenden Zügen positive und auch negative Spannungen sowie durch Induktion entstehende Spannungsspitzen weit über Fahrspannungshöhe erhalten, muß der Eingang zur Elektronik entsprechend geschützt werden. Indifferente Spannungspegel schaden dem 40106 nicht, da er durch die Schaltcharakteristik immer eindeutige Ausgangsspannungen liefert. Der 40106 arbeitet mit geregelten +5 V. Die Prüfspannung von ca. +20 bis +24 V besteht aus der durch eine Diode geblockten und mit 100 µF gesiebten Versorgungsspannung. Diese Spannung gelangt über 27 kOhm an die isolierten Schienenstücke. Bereits mit einem geringen Verbraucher, wie einer Leuchtdiode plus Vorwiderstand in einem Steuerwagen, wird die Prüfspannung soweit absinken, daß der Schaltpegel am Eingang des 40106 unterschritten wird. Der Ausgang springt gleichzeitig auf +5 V. Für den Eingang 1 drehen wir den Pegel mit einer zweiten Schaltstufe wieder auf Minus. Alle weiteren Eingänge testen auf FREI und liefern Minus am Ausgang. So können wir z.B. auch den Weichenbereich W1 in die Kontrolle miteinbeziehen. Ist ein Eingang nicht angeschlossen, dann gilt automatisch der Status „frei". Der Gleisbesetztmelder des Streckenreglers geht wie ein Freimelder auf einen der Eingänge 2 bis 4. Eingang 5 ist intern weitergedrahtet, um das Automatik-Ende zu erkennen. Er sollte daher immer mit dem Gleisstück N1 verbunden sein.

Für eine automatische Fahrt zwischen zwei Bahnhöfen geben uns die FREI-Melder bzw. BESETZT-Melder ausreichende Informationen über den Status der Strecke. Bei freier Strecke soll zunächst das Signal N und auch A1 auf FAHRT gestellt werden. Hierfür ist die verknüpfte Leitung – Streckenmelder oder Signalmelder A1 – genau wie der Ausgang des Signalmelders N1 negativ. Wichtig beim Verfolgen der Spannungspunkte ist, daß die Eingangspegel am Gleis und die Ausgangspegel hinter den Schaltstufen negativ sind.

Als das Gleis am N1 noch besetzt war, hatten wir an beiden Ausgängen PLUS. Eine Änderung nach MINUS könnten wir für den Schmitt-Trigger im 555 nutzen und so von STOPP auf START wechseln. Bei Lichtsignalen und dem Selbstblock ist das korrekt und entspricht dem Vorbild. Hp1 ist jetzt die Grundstellung. Für Formsignale gilt dagegen Hp0 als Ausgangspunkt. Und ist das Stellwerk noch mitbeteiligt, dann gilt auch für Lichtsignale Hp0 als Ausgangsposition. Deshalb kommt ein weiterer Pegel ins Spiel. Der Freimelder N ist besetzt und führt aufgrund der zwei Umkehrstufen auch Minuspegel. Wir müssen aus den drei Pegeln die zwei Spannungen für die Signalansteuerung erstellen. Mit nur einer Schaltstufe schafft das der immer wieder eingesetzte 555. Wir nutzen hierbei den hochohmigen Eingang PIN2 und PIN6 in Verbindung mit einem Elko, der bei Pegelsprüngen langsam über zwei 270-kOhm-Widerstände ge- oder entladen wird. Nur wenn N1 besetzt anzeigt, zwingt die direkte Kopplung mit einer Diode den Pegel sofort auf PLUS.

Erreicht der Zug sein Ziel, muß ohne Verzögerung die Fahrt beendet werden. Ein Pluspegel am Eingang zwingt den Ausgang des 555 (PIN3) auf Masse.

Sind danach alle drei Bereiche FREI, ist „1“ Plus und „2“ Minus. Der Eingang am 555 geht in den indifferenten Bereich auf ca. +2 V. Der Ausgang bleibt auf STOPP.

Meldet „1“ aber NICHT FREI, sinkt der Eingangspegel auf Masse ab. Der Ausgang springt auf Start (Plus) und die nachfolgenden Schaltstufen setzen die Signale auf Grün. Danach meldet der Streckenmelder „besetzt", und der Start bleibt bis zum Erreichen von N1 erhalten.

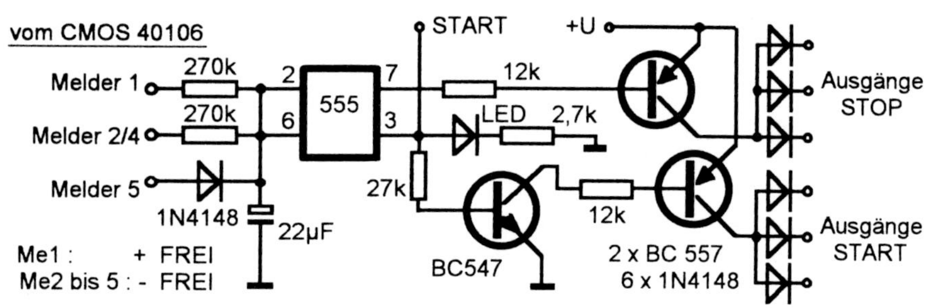

Abb. 16 Fahren (START) oder Nicht Fahren (STOPP)

15. Anfahren und Beschleunigen

Die Freimelder mit dem 555 erzeugen an den Ausgängen START und STOPP eine positive Spannung, an der sogar der Direktanschluß der Signal-LEDs und der Umschaltrelais möglich wäre. Es ist jedoch sinnvoll, die Stromversorgung für die automatischen Strecken-Elektronik ASE abschaltbar zu machen, um dann per Handsteuerung fahren zu können. In diesem Fall brauchen wir die Flipflop-Funktion der Hilfsrelaisplatinen und müssen daher diese Platinen nach Abb.10e bestücken. Der Dauerausgang der ASE verhindert ein Eingreifen von Hand. Ein zusätzlicher Tastendruck läßt zwar alle LEDs aufleuchten. Die Relaisstellungen werden aber nicht verändert.

Der Bereichsanschluß des Streckenreglers wurde für die Automatik verändert. Ist er nicht extern beschaltet, wirkt immer der 100-Ohm-Widerstand (Abb.13) und verhindert so ein Ansteigen der Fahrspannung. Hat der BEREICH Verbindung mit dem ASE-Ausgang START, dann springt die Fahrspannung auf den Minimalwert, bei dem langsames Fahren noch möglich sein sollte.

Hier haben wir das erste Problem einer reinen Hardwareautomatik: Die Loks sind unterschiedlich im Fahrverhalten und müssen einem gemeinsamen Minimalwert angepaßt werden! Bei schnellen Loks werden Reduzierdioden in den Motorstromkreis eingebaut, damit sie nicht zu schnell in den spannungslosen Gleisbereich am Signal N1 einfahren.

Doch gehen wir im Ablauf einen Schritt weiter. Wir haben bereits START erhalten. Der Plusausgang auf den BEREICH ergibt sofort Langsamfahrt – ohne die Verzögerung, die wir benötigen, wenn wir z. B. den Abfahrauftrag abwarten wollen!

Der schon für die Freimelder benutzte CMOS 40106 wird uns auch hier weiterhelfen. Am PIN3 des 555 erschien bereits der positive Startpegel. Er ist bei Installation der Kontroll-LED, einer grünen low current LED, im wahrsten Sinne des Wortes auch sichtbar. Ein Verzögerungsschaltkreis aus Ladewiderstand und Speicherkondensator (Elko) sorgt dafür, daß der Pegel am nachfolgenden Eingang des Schmitt-Triggers langsam ansteigt. Der 40106 schaltet mit den Werten 1,2 MOhm und 10 µF nach ca. sieben Sekunden an seinem Ausgang auf Minus. Da wir für das Losfahren den BEREICH auf Plus setzen müssen, installieren wir eine zweite Schaltstufe, um den Ausgangspegel zu drehen.

Die Lok setzt sich also sieben Sekunden, nachdem die Signale auf Grün gegangen sind, in Bewegung. Im Vergleich zum Vorbild ist das recht kurz. Wer es noch gemütlicher haben will, der tauscht den 10-µF-Elko (C1) gegen 22 µF oder mehr aus.

Nun haben wir schon einiges erreicht. Aber der Zug soll nicht zu lange vor sich hin schleichen: Nach dem Abfahren muß der Lokführer an Geschwindigkeit zulegen können. Der Streckenregler hatte bisher eine Beschleunigungstaste, die gegen Masse arbeitet. Tasten lassen sich problemlos

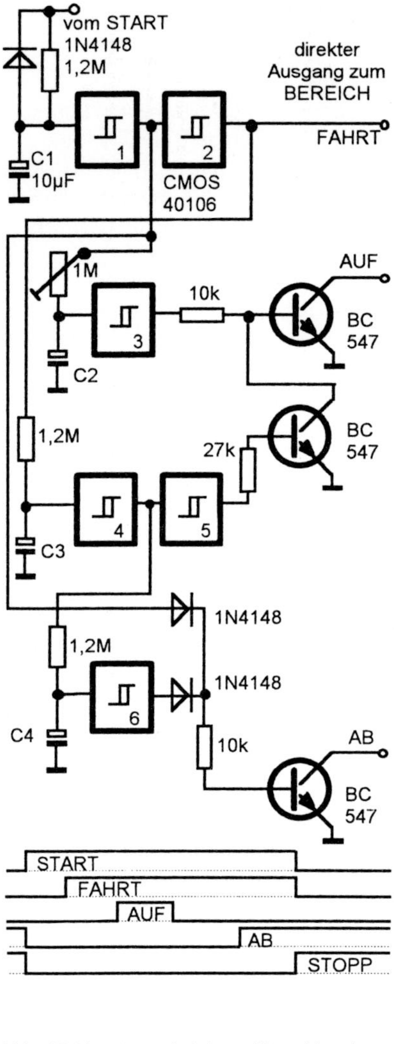

Abb. 17 Verzögert Anfahren / Beschleunigen / Abbremsen

parallelschalten. Nur diejenige Taste ist wirksam, die gedrückt ist. Ein Transistor arbeitet bei entsprechender Polung wie eine Taste und kann daher jederzeit zusätzlich auch parallel zum Steuerungseingang geschaltet werden.

Im CMOS 40106 sind weitere Schaltkreise frei. Mit jeweils zwei Schaltstufen lassen sich so – wie bei der ersten Verzögerung – bis zu drei Ausgänge erzielen, die verzögert nach Plus schalten. Das würde für den Beschleunigungsvorgang bedeuten, daß das Gasgeben zwar möglich ist – wenn auch mit zeitlicher Verzögerung –, aber nicht beendet werden kann. Was wir brauchen, ist ein Plusimpuls, der nach dem Anfahren mit geringster Geschwindigkeit für eine einstellbare Zeit wirkt und danach wieder abschaltet.

Wir zapfen daher den nach der ersten Stufe nach Minus schaltenden Pegel an. Bei STOPP wurde der Elko #2 (C2) auf Plus geladen. Durch den einstellbaren Widerstand wird erreicht, daß C2 sich langsam dem Ausgang der ersten Stufe anpaßt. Beim Unterschreiten der Schmitt-Triggerschwelle nach Masse geht der Ausgang 3 (PIN8) auf Plus. Der nachfolgende Transistor schaltet EIN und die Beschleunigung kann beginnen. An die zweite Stufe, dem Ausgang FAHRT, hängen wir ein drittes RC-Glied, das auf Stufe 4 wirkt und durch Stufe 5 nochmals in der Phasenlage gedreht wird. Der Vorgang ist zeitlich so abgestimmt, daß erst nach dem bereits gestarteten Beschleunigen am Stift #6 Plus hochschaltet. Der folgende Transistor schließt den auf den Ausgang AUF wirkenden Transistor an der Basis kurz. Das Beschleunigen wird damit beendet.

Während das Abschalten eine bestimmte Zeitspanne nach dem Abfahren erfolgt, ist

Bei einer durchgehenden Masseschiene reicht für jedes Lichtsignal eine Relaisplatine mit zwei Umschaltkontakten. Im Zusammenspiel mit der automatischen Streckenelektronik und dem Streckenregler kann eine Zeit-Fahrsteuerung aufgebaut werden.
Die Freimelder regeln den Ablauf, damit nichts durcheinanderkommt, sollte mal ein Zug zwischen Start (N) und Ziel (N1) hängen bleiben.

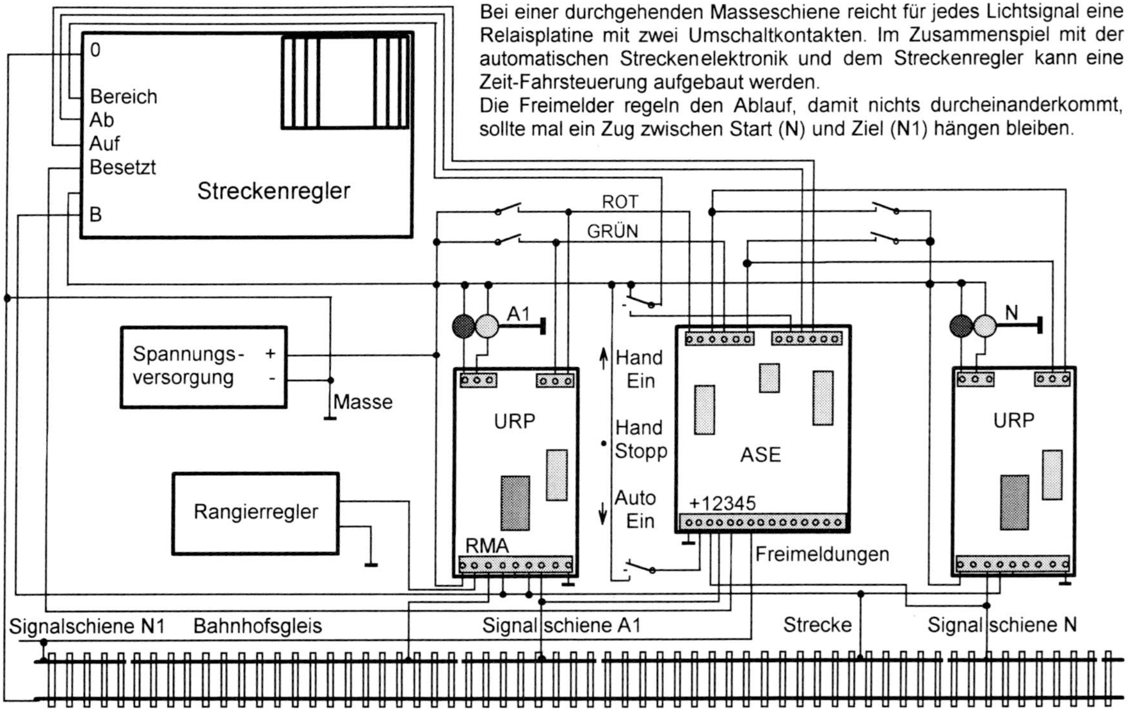

Abb. 18 Alle Komponenten einer automatischen Fahrstrecke

das Einschalten justierbar. Wird der Pegel AUF früher eingeschaltet, kann der Zähler im Streckenregler länger hochzählen und so eine höhere Ausgangsspannung bzw. Fahrspannung erreichen.
Nach der Schaltstufe #4 wird nochmals der hier nach Masse schaltende Wechsel ausgenutzt. Wieder mit 1,2 MOhm gelangt der Pegel diesmal an C4, während er mit der nachlassenden Beschleunigung nach Minus abklingt. Für eine gewisse Zeit wird der Zug mit der erreichten höheren Geschwindigkeit weiterfahren. Sinkt der Eingangspegel der sechsten Schmitt-Triggerstufe unter die Schaltschwelle, dann gelangt Plus über die untere Diode und den 10-kOhm-Widerstand zum dritten BC 547. Das Schalten nach Masse veranlaßt ein Abwärtszählen des Fahrwertspeichers und so ein Bremsen des Zuges. Steht die Automatik auf STOPP, ist AB zusätzlich aktiv, um beim Start auf alle Fälle Minimalgeschwindigkeit zu garantieren.
Passen Zug und Fahrstrecke zu den von der Elektronik gelieferten Werten, macht das Resultat dieser Verschaltung jedem Betrachter Freude. Die Lösung durch Verzögerungsstufen entsprechen einer reinen Steuerung über die Zeit, ist die einfachste Methode, um auf einer Paradestrecke Geschwindigkeitsänderungen zu erhalten. Nehmen wir an, die Entfernung vom Signal N bis A1 beträgt ca. fünf Meter. Die Elkos sollten für diese Voraussetzung alle mit 10 µF bemessen werden. Man erhält dann in etwa folgende Steuerzeiten:
Sieben Sekunden nach dem Erreichen von Signal N und der in Fahrtrichtung bis N1 vorliegenden Freimeldung erfolgt der START. Die Lichtsignale N und A1 zeigen GRÜN. Nach weiteren sieben Sekunden erscheint FAHRT.
Der Streckenregler sendet daraufhin die geringste Fahrspannung. Eine Abstimmung mit allen automatisch fahrenden Loks ist erforderlich. Alle Loks müssen mit der Minimalspannung noch fahren. Das wäre zwar beim Anfahren nicht unbedingt erforderlich, denn nach einigen Sekunden – abhängig vom 1M-Poti – wird beschleunigt (AUF). Dabei erhöht sich die Fahrspannung, so daß jede Lok sich in Bewegung setzt.
Während weiterer sieben Sekunden bleibt die Geschwindigkeit erhalten. Ohne AUF und ohne AB bleibt der Speicherwert im Streckenregler unverändert. Schließlich schaltet der Pegel AB nach Masse, und die Bremsung setzt ein. Im Streckenregler sind die Werte so eingestellt, daß immer schneller gebremst als beschleunigt wird.
Die Lok hat nach weiteren vier Sekunden wieder Minimalgeschwindigkeit erreicht. Es ist Zufall, wo sich der Zug in diesem Moment gerade befindet, und wird sich auch selbst für denselben Zug – im Kreisverkehr – nicht exakt wiederholen lassen. Einige schnelle Züge werden noch bevor das Bremsen beendet ist, in den Stoppbereich bei N1 einfahren. Bummelzüge vermindern dagegen schon auf der Strecke noch vor dem Erreichen des Bahnhofs ihre ohnehin schon langsame Fahrt und schleichen langsam bis zum Ziel.
Bleibt jetzt eine Lok liegen, ist der automatische Fahrbetrieb unterbrochen. Solange der Gleisbesetztmelder des Streckenreglers nicht FREI signalisiert, kann keine weitere Fahrt angetreten werden. Zumindest funktioniert der Bereich Sicherheit. Steuern wir rein mit dem Instrument Zeit, muß es früher oder später zu einem Auffahren auf einen liegengebliebenen Zug kommen!

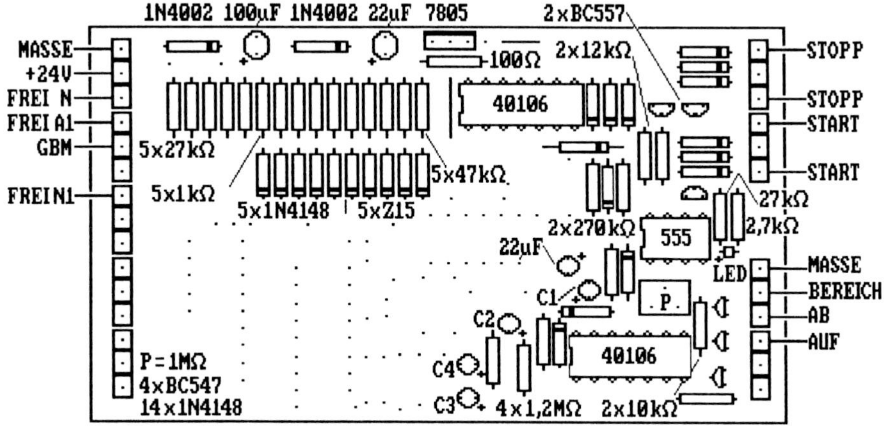

Abb. 19a ASE-Bestückung, reine Zeitsteuerung

Stückliste : ASE-Zeitsteuerung

9 Anschlußklemmen	3 x 3,5 mm	1 Widerstand	100 Ohm/0,25 W
2 Dioden	1N 4002	5 Widerstände	1 kOhm/0,25 W
18 Dioden	1N 4148	1 Widerstand	2,7 kOhm/0,25 W
1 Elko	100 µF/25 V	2 Widerstände	10 kOhm/0,25 W
1 Elko	22 µF/25 V	2 Widerstände	12 kOhm/0,25 W
4 Elkos	10 µF/16 V	8 Widerstände	27 kOhm/0,25 W
1 Elko	22 µF/16 V	5 Widerstände	47 kOhm/0,25 W
1 IC-Sockel	8-polig	2 Widerstände	270 kOhm/0,25 W
2 IC-Sockel	14-polig	3 Widerstände	1,2 MOhm/0,25 W
1 IC	NE 555	5 Zenerdioden	15 V/300 mW
2 ICs	CMOS 40106	2 Drahtbrücken	
1 low current LED	grün		
1 Festspannungsregler	7805		
4 Transistoren	BC 547		
2 Transistoren	BC 557		
1 Trimmpoti	1 MOhm/6 mm		

Die Bestückung mit Freimeldern, Start-Stopp-Speicher und Verzögerungsstufen ist bis auf den AB-Ausgang die Voraussetzung jeder automatischen Steuerung.

Abb. 19b ASE-Ätzvorlage

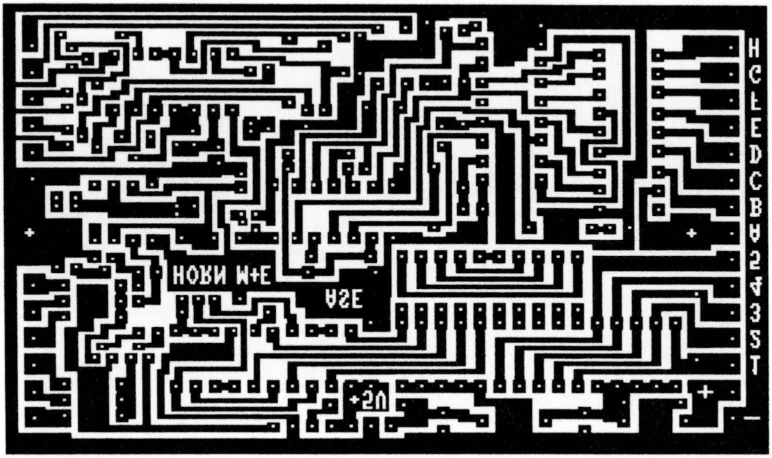

Foto 5 Die automatische Streckenelektronik als Zeitsteuerung und Besetztkontrolle

16. Wo steht das Vorsignal?

Bei dieser Frage sind bestimmt einige Modelleisenbahner aufgeschreckt. Die einen wissen zwar, daß es so etwas gibt, bei den anderen ist es total in Vergessenheit geraten. Es ist bestimmt nur eine kleine Minderheit, die dafür überhaupt Geld ausgibt und sich überlegt, wo die Signale auf der Anlage aufgestellt werden können. Eine direkte Funktion für Kontakte und die Zugbeeinflussung haben Vorsignale aus elektrischer Sicht ja nicht – oder doch?

Es ist unbestritten: Vorsignale haben einen klaren Sinn. Das in Fahrtrichtung zu erwartende Hauptsignal wird vorab angezeigt. Der reale Lokführer muß schließlich seinen tonnenschweren Zug weit vor dem Hauptsignal abbremsen, um rechtzeitig zum Stillstand zu kommen. Eine Spannungsreduzierung, wie sie bei der analogen Modellbahn erforderlich wäre, konnte früher vom Vorsignal nie ausgelöst werden. Die Technik war zu aufwendig, um hier automatisch korrekt steuern zu können. Heute ist technisch kein Problem mehr vorhanden; aber das Bewußtsein, Vorsignale überhaupt einzusetzen, scheint verlorengegangen zu sein.

Recht einfach wäre z.Z. die Position des Vorsignals n1 am Einfahrsignal A1 zu besetzen. Mit der Automatik von Bahnhof zu Bahnhof zu fahren, bedeutet ja immer, vor dem roten Ausfahrsignal (N1, N11 oder N21 usw.) anzuhalten. Damit zeigt jedes dieser Vorsignale GELB – Hp0 ist zu erwarten. Ein anderes Signalbild ist momentan nicht gefragt. Soll die Beschaltung absolut korrekt sein, dann muß die zum richtigen Ausfahrsignal führende Weichenstraße – unter Verwendung von Hilfskontakten – sowohl die Möglichkeiten für Hp1 als auch für Hp2 berücksichtigen. Jetzt wird plötzlich klar, warum das n1 so gut wie nie auf einer Modellbahnanlage zu finden ist.

Anders sieht es mit dem Vorsignal 400, 700 oder 1000 Meter vor dem Einfahrsignal A1 aus. Da läßt sich die Anzeige direkt mit dem Hauptsignal koppeln. Nur haben wir z.B. bei 5 m Fahrstrecke von N bis N1 oder N1 bis N11 gar keinen Platz, um a1 vorbildgerecht aufzustellen. Also ein weiterer Grund, um auf das Vorsignal zu verzichten. Doch bei genauer Betrachtung ist gerade a1 äußerst wichtig. Schließen wir einen Kompromiß und stellen es doch eine Zuglänge – etwa 2 m bei Spur H0 und 1 m bei Spur N und Z – vor dem Einfahrsignal A1 auf. Allerdings macht das nur Sinn, wenn wir gleichzeitig die Stromschiene von der Strecke trennen und einen Gleisbesetztmelder dazwischen einfügen. So erhalten wir eine Zuglänge zum Beschleunigen und eine Länge zum Abbremsen, sollte das Einfahrsignal auf ROT stehen.

Für die Elektrik sieht das wie folgt aus: An A1 brauchen wir beim System mit durchlaufender Masseschiene einen dritten Umschaltkontakt. Mit diesem bilden wir eine UND-Bedingung. Zeigt der Gleisbesetztmelder GBM-A1 BESETZT und A1 ROT, dann wird der Massepegel vom Ausgang des GBM auf den Bremseingang AB des Streckenreglers gelegt. In diesem Fall wird also automatisch gebremst, wenn das Zielgleis im Bahnhof noch besetzt ist und wir ohne Automatik von Hand bei N abgefahren sind. Der Gleisbesetztmelder wirkt sicherheitshalber auch bei abgeschalteter Automatik immer auf den Streckenregler.

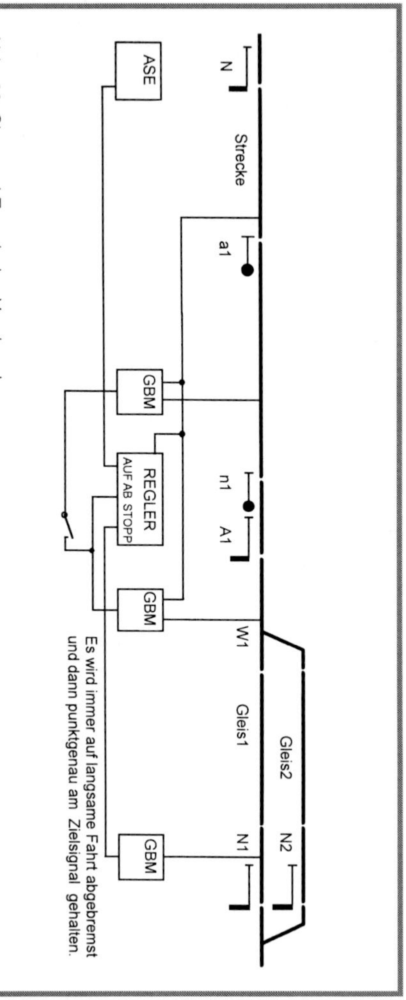

Abb. 20 Sinn und Zweck des Vorsignals

Sind beide Schienen ohne Massebezug verlegt, dann muß ein weiterer Hilfskontakt – insgesamt also vier Umschalter – diese Funktion übernehmen. Das zweite Relais, das wir hier einsetzen, ist nur mit den Komponenten für die Spannungsversorgung zu bestücken – Diode 1N 4002 und 10-µF-Elko/25 V und den Schraubstützpunkten auf der URP (Abb. 9).

Haben wir dagegen ein Formsignal und betreiben dies mit dem Selbstbauservo, dann stehen uns generell vier Umschaltkontakte zur Verfügung. Das Vorsignal a1 ist rein theoretisch einfach anzuschließen. Allerdings fehlen uns bei einer Modulanlage einige Verbindungsleitungen. Die Handbetätigung für AUF und AB belegt die Leitungen 6 und 7 bzw. 16 und 17. Die Richtung ist jetzt nicht beschaltet, da nur vorwärts gefahren wird. Um das Ausfahrsignal N per Automatik bedienen zu können, benötigen wir die Leitung #8 für ROT und #9 für GRÜN. In Gegenrichtung ist das für das Signal P #18 und #19. Die Freimeldungen belegen schließlich die Leitungen 10 und 20.

Entweder installieren wir gleich den etwas größeren Steckverbinder DIN 41622 mit 30 Polen, oder wir sehen für das Vorsignal und den Gleisbesetztmelder GBM-a1 eine zusätzliche, direkte Kabelverbindung vor. Drei Drähte sind für die beiden Lichtoptiken ROT und GRÜN oder bei einem Formsignal für hp0 und hp1 und die Besetztmeldung notwendig.

Das gleiche gilt im Zielbahnhof für die Modul-Stecker. Um auch hier automatisch korrekt bremsen zu können, ist das Gleis an der Weiche W1 ebenfalls zusätzlich auf BESETZT zu kontrollieren; zwischen Ausfahr- bzw. Vorsignal muß es also entsprechende Leitungen geben.

17. Gleisbesetztmelder

Auch wenn viele Modellbahnanlagen keinen Platz für das Vorsignal a1 haben, muß dieser Punkt bei der Gleisverlegung eingeplant werden. An dieser Stelle muß eine Trennstelle in die Stromschiene eingefügt werden. Sobald eine Automatik eingeplant wird, ist diese Maßnahme unabhängig vom benutzten Gleissystem – im Zweischienensystem wie auch beim Punktkontakt-Mittelleiter – für Analog wie für Digital durchzuführen!

Der Fahrspannungsanschluß des zusätzlichen Gleissegmentes wird jetzt über einen Gleisbesetztmelder geführt, der schon auf einen geringen Stromfluß (weniger als 1 mA) mit einem Massepegel an seinem Meldeausgang reagiert. Die bereits im Streckenregler enthaltene Schaltung gilt für separate, zusätzlich installierte Gleisbesetztmelder genauso. Soll allerdings außerdem in die Gegenrichtung auf dem gleichen Gleis gefahren werden, dann ist die Elektronik um einen Schaltungsanteil, der auf die andere Polarität reagiert, zu erweitern.

Die als Stromfühler dienenden Längsdioden sind für jede Richtung einzubauen. Pro Diode gehen 0,7 A verloren. Im Streckenregler haben wir das für eine generelle Spannungsreduzierung genutzt. Da zwei Dioden in Reihe geschaltet sind, wird die Spannung um 1,4 V reduziert. Hängen wir nun hinter den Streckenregler ein GBM, dann ergeben sich unterschiedlich hohe Fahrspannungen. Denn der Besetztmelder reduziert ja um weitere 1,4 V.

In Abb. 16 finden sich noch weitere GBMs, da beim vorbildgerechten automatischen Fahren noch eine ganze Menge weiterer Ereignisse auftreten, auf die z. B. mit einer Geschwindigkeitsänderung reagiert werden soll. Den Weichenbereich nach A1 haben wir bereits erwähnt. Spätestens hier muß die Bremsung erfolgen, um am Bahnsteig punktgenau anhalten zu können. Der GBM am Zielsignal ergibt zwar keine eigentliche Punktmeldung, denn er wirkt als Strommelder über einen längeren Weg; da sein Schalten aber mit der Stromentnahme der ersten einfahrenden Achse erfolgt und der Besetztpegel sofort durch das Abschalten der minimalen Fahrspannung – BEREICH schaltet AUS – reagiert, kann man in diesem Fall durchaus von einer Punktmeldung sprechen.

Am Zielsignal ist bereits ein FREI-Melder installiert. Die Freimeldung wurde bisher zur Kontrolle des spannungslosen Signalgleises eingesetzt: Sobald das Signal auf Hp1 schaltet, gelangt Fahrspannung an den Abschnitt, und der Freimelder sendet NICHT FREI. Jetzt ist das Gleis am Signal in einen neuen Fahrabschnitt eingebunden und aus Sicht der Streckenbelegung nicht mehr verfügbar. Erfolgt nun die Einspeisung der Fahrspannung durch einen umgeschalteten Relaiskontakt über einen Gleisbesetztmelder, dann meldet dieser für den gleichen Bereich jedoch FREI. Weder Lok noch Steuerwagen befinden sich im Augenblick an dieser Stelle.

Die doppelte Kontrollmaßnahme erlaubt uns, mit der Automatik am Bahnsteig zu

halten, sollte einmal das Ausfahrsignal auf ROT stehen. Beim Vorbild ist es üblich, die weiterreichende Fahrstraße über den jetzt gerade erreichten Bahnhof hinaus generell auf GRÜN zu stellen. Unser Signal N1 kann also Hp1 zeigen, und der Zug hält trotzdem punktgenau am Bahnsteig, weil er diesmal vom Gleisbesetztmelder gesteuert wird.
Das bedeutet, daß wir nach der erweiterten Betrachtungsweise auch am Signal N einen GBM installieren sollten. Allmählich ist der gesamte Fahrweg in viele Bereiche unterteilt und mit Meldern bestückt. Eine rein optische Anzeige auf einem Gleisbild könnte das Fahren des Zuges durch wandernde Leuchtpunkte oder Leuchtbalken ziemlich genau anzeigen, so daß es möglich wird, auch einen nicht einsehbaren Zug von Hand exakt ins Ziel zu bringen. Unsere Automatik leistet das ja schon lange.
Nach unserer neuen Schaltungstechnik mit den übergreifenden Signal-Umschaltkontakten gehört der Signalbereich N, solange Signal N auf Grün steht, elektrisch zur nachfolgenden Strecke und wird vom GBM des Streckenreglers kontrolliert. Hätten wir für den kurzen Gleisabschnitt N einen eigenen Besetztmelder, dann könnten wir dem Vorbild wieder etwas näher kommen und das Signal N auf ROT stellen, sobald der Zug ausgefahren ist und den GBM-N freischaltet. Der Streckenmelder meldet dabei weiterhin BESETZT. Der Freimelder ist daran ja nicht beteiligt. Er nimmt seine Tätigkeit erst wieder auf, wenn das Signal auf ROT gewechselt hat und sein Bereich spannungslos geschaltet ist.
Die Meldung NICHT BESETZT allein am Signal N reicht natürlich nicht zum Rücksetzen des Signals aus. Bevor in die Blockstrecke eingefahren wird, haben wir die gleiche Meldung. Der Unterschied ist, daß jetzt auch die Strecke noch FREI anzeigt. Es stellt sich ganz klar die Frage: Läßt die Zeitsteuerung mit der ASE genügend Zeit – die rückliegenden Signale werden erst bei der Zielankunft auf ROT gestellt –, oder soll der Zug schon vorher Ereignisse auslösen? Wer mehr automatische Funktionen haben möchte, der muß hier zusätzliche Komponenten einsetzen. Dazu sollte jedoch besser nochmals überdacht werden, daß sich Hardwarelösungen je nach Bedingung zu großen, unflexiblen Drahtverhauen auswachsen können. Besser ist der Einsatz eines Computers, für den wir dann entsprechende Adapter zur Modellbahn brauchen.
Bleiben wir aber zunächst bei dem eingeschlagenen Weg mit einfacher Technik. Hier kann noch ein weiteres Problem auftreten. Die Spannung des Streckenreglers liegt um 1,4 Volt über den Spannungen an den Ausgängen der Gleisbesetztmelder. Das bedeutet: Auf der Strecke wird schneller gefahren, als es in den kontrollierten Bereichen davor und dahinter wegen der geringeren Spannung möglich ist. Für einige Modelleisenbahner ist das sogar angestrebt. Bei kurzen Fahrstrecken ist es kaum möglich, richtig zu beschleunigen und wieder abzubremsen. Da ist das Fahren mit nur zwei Geschwindigkeitsstufen vollkommen ausreichend, und unser Streckenregler mit dem aufwendigen AUF- bzw. AB-Zähler wird nicht benötigt. Dafür brauchen wir aber einen zusätzlichen GBM. Insgesamt kommen wir so auf vier Gleisbesetztmeldebaugruppen, die auf einer Platine unterzubringen sind. Zwei Schaltungen bedienen Ausfahrsignal und Strecke. Die beiden anderen sind für den Weichenbereich und das Einfahrsignal zuständig. Je zwei GBMs hängen gemeinsam an einer Fahrspannung. Für einen Einbau der Bau-

gruppe in Gleissyteme ohne Masseschiene ist eine Optoauskopplung vorgesehen.
Darf ein Fahrspannungssprung von 1,4 V nicht vorkommen, dann müssen wir alle aktiven Gleisbesetztmelder – auch den für die Strecke – am Spannungsausgang des Streckenreglers anschließen. Da wir nur in eine Richtung fahren und zumindest für unseren Block eine durchgehende Masseschiene haben, arbeiten auch alle Besetztmelder schaltungstechnisch mit dem gleichen Spannungspotential und der gleichen Polarität.
Der Aufbau eines Gleisbesetztmelders für unseren Zweck kann dem GBM im Streckenregler ohne Änderung entsprechen. Allerdings fügen wir dem normalen BC 547 als Ausgangstransistor eine alternative Schaltstufe aus Optokopplern hinzu. Es ist bei der Komponentenwahl wichtig, auf die richtigen Chips zu achten! Sowohl die Sendediode als auch der Empfangstransistor können falsch ausgerichtet an den Anschlußpins liegen! Man kann hier nicht jeden beliebigen Optokoppler einsetzen.
Wer den nebenstehenden Installationsplan mit einigen zusätzlichen Bahnhofsgleisen betrachtet, der kann sehen, daß mit einer geschickten Anschlußwahl der Relaiskontakte bzw. Servoschalter der abfahrende Zug bis zum Ziel lückenlos kontrolliert werden kann. Wir brauchen keinen einzigen Z-Schalter zu betätigen und haben trotzdem immer vom gleichen Fahrregler aus Zugriff auf die Lok. Wird dagegen die Fahrstraße aufgelöst, ist der Bahnhofsbereich automatisch mit dem Rangierregler verbunden. Nur bei der zweigleisigen Strecke muß selbst bei zwei Rangierreglern irgendwo ein Z-Schalter vorhanden sein, der die Übergabe in den anderen Bereich oder

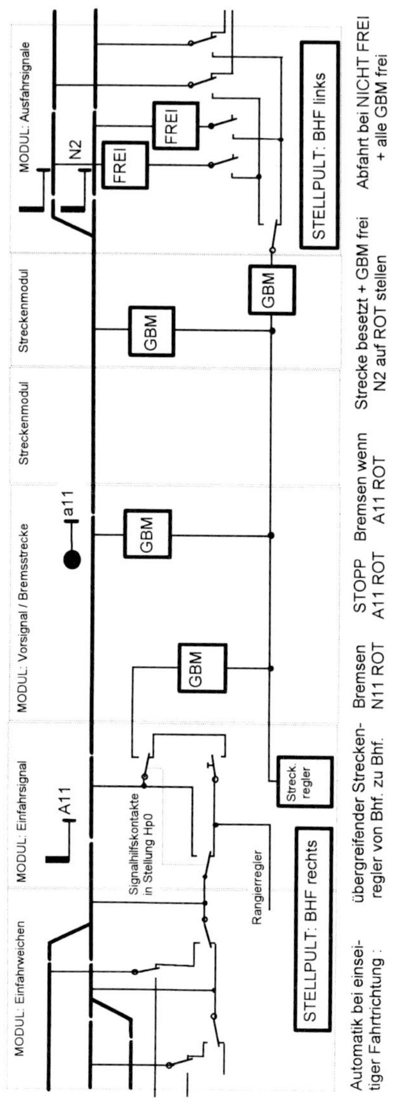

Abb. 21 Blockstrecken-Überwachung

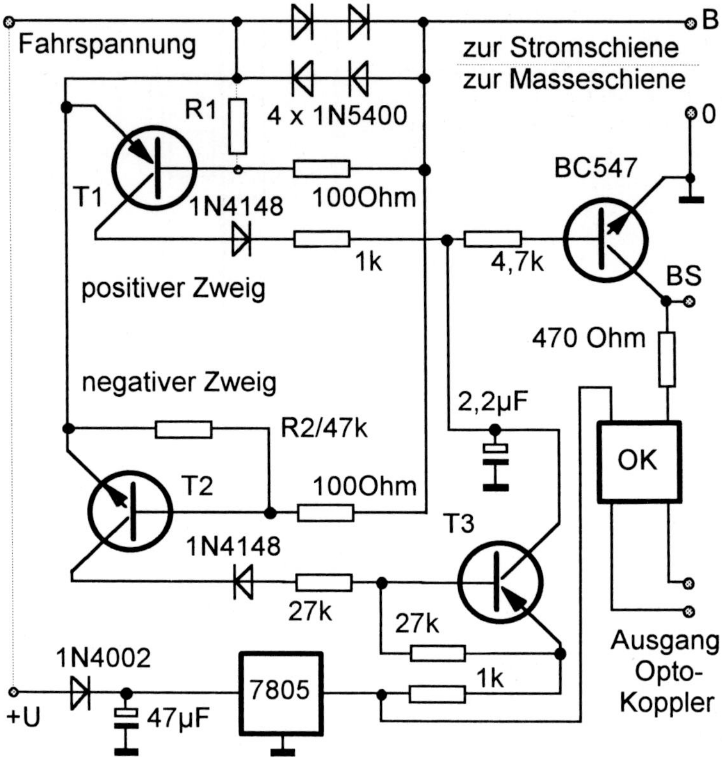

Abb. 22 GBM-Schaltung

eine spezielle Zuordnung vermittelt. Der Gleisbesetztmelder ist wie schon die vorhergehenden Schaltungen universell geplant. Für den einfachen Rundverkehr ist der positive Schaltungsanteil ausreichend. Mit dem zusätzlichen Negativteil wird der Gegenverkehr kontrolliert. Bei digitaler Fahrspannung kann der negative Schaltungsteil alleine ausreichen.
Da die Transistoren keine hohe Verstärkung – wie Operationsverstärker – haben, kann bei niedriger positiver Fahrspannung und einem Verbraucher von 5 kOhm die Besetztmeldung ausbleiben. Wird eine sichere Funktion speziell in diesem Betriebsbereich gefordert, können zwei in Reihe geschaltete Meßdioden die Empfindlichkeit enorm steigern. Bei niedrigen Fahrspannungen spielt eine zusätzliche Absenkung um 0,7 V meist keine Rolle.

Stückliste Gleisbesetztmelder:

Gilt für Vierfachmelder in voller Ausbaustufe für Vorwärts und Rückwärts. Der Fahrspannungsverlust ist 1,4 Volt. Auslösewiderstand ca. 100 kOhm! Eine geringere Empfindlichkeit wird durch einen zusätzlichen R1 und R2 (<47 kOhm) erreicht.

2 Anschlußklemmen	3-polig/5 mm
2 Anschlußklemmen	3-polig/3,5 mm
16 Dioden	1N 5400
1 Diode	1N 4002
8 Dioden	1N 4148
4 Elkos	2,2 µF/6 V
1 Elko	47 µF/35 V
1 Festspannungsregler	µA 7805
8 Transistoren	BC 547 (T2)
8 Transistoren	BC 557 (T1,T3)
8 Widerstände	100 Ohm/0,25 W
8 Widerstände	1 kOhm/0,25 W
4 Widerstände	4,7 kOhm/0,25 W
8 Widerstände	27 kOhm/0,25 W
4 Widerstände	47 kOhm/0,25 W

Für einen potentialfreien Ausgang ist ein Vierfach-Optokoppler zu installieren:

3 Anschlußklemmen	3-polig/3,5 mm
1 Optokoppler	PC 847
4 Widerstände	470 Ohm/0,25 W

Foto 6 Der Gleisbesetztmelder mit vier Gleissegmenten wahlweise mit Plusmeldung – Vorwärtsfahrt –, Minusmeldung – Rückwärtsfahrt – oder generellem Besetztstatus.

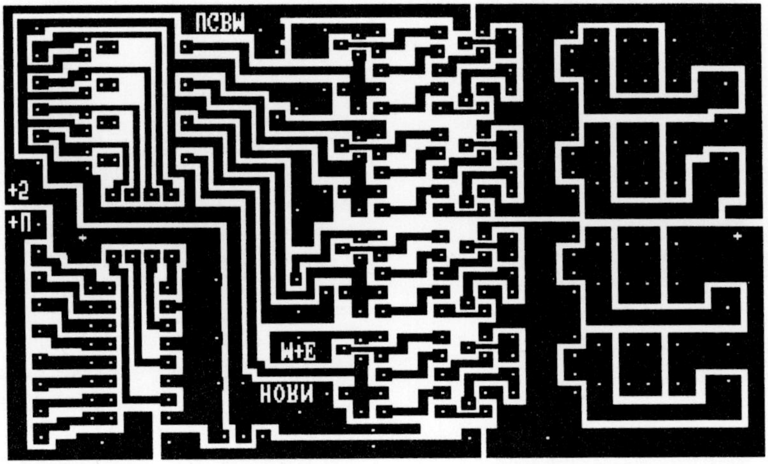

Abb. 23a GBM-Ätzvorlage

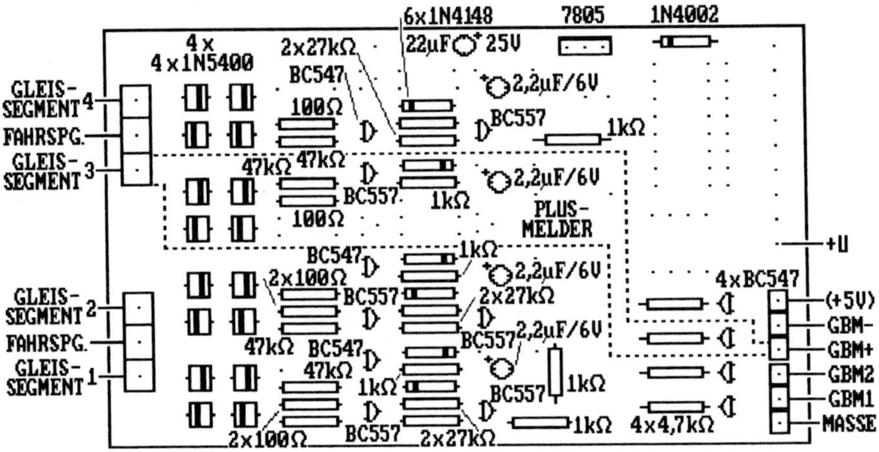

Abb. 23b GBM-Bestückung

18. Vorsicht Gegenverkehr

Ja, hier ist wirklich Vorsicht geboten! Wollen wir auf unserer Automatikstrecke in die Gegenrichtung fahren, dann müssen die elektronischen Baugruppen ganz anders eingesetzt und verteilt werden. Klar ist, daß Freimelder und Besetztmelder weiterhin benötigt werden. Klar ist auch, daß wir einen anderen Streckenregler brauchen, der bei gleichbleibender Masseschiene die Polarität der Stromschiene wechseln kann. Zusätzlich werden weiterer Signalkontakte mit Zugbeeinflussung notwendig, die in Gegenrichtung befahrbar sind. Das läßt sich, mit einer Gegendiode pro Signalkontakt nach altbewährter Methode lösen. Der Spannungssprung von 0,7 V und eine daraus resultierende Geschwindigkeitsänderung ist bei dieser Schaltungstechnik nicht zu vermeiden. Gleichzeitig ist diese Kombination von Kontakt und Diode nicht für digitale Systeme geeignet. Es ist also Vorsicht geboten!

Auch eine eingleisige Strecke kann für eine Automatik vorbereitet werden. Wer nicht vor der immer größer werdenden Anzahl von Signalkontakten zurückschreckt, der wird auch hier mit angewandter konsequenter Logik zum Ziel kommen. Um das jeweils benötigte Signalrelais zu aktivieren, können wir jedoch die sogenannte Gegendiode nicht am Fahrstrom einsetzen, ohne dabei den Signalspeicher und die Signaloptik zu verändern.

Am mittleren Klemmanschluß zwischen den Umschaltkontakten an der Universal-Relais-Platine haben wir direkten Zugriff auf die Signal-Relaisspule. So, wie wir ein Relais durch eine direkte Drahtverbindung jedem Relais direkt parallelschalten können, kann das natürlich auch richtungsabhängig per Diode erfolgen. Das Signal, das auf GRÜN steht, schaltet per Diodenverknüpfung das Relais der Gegenrichtung auf aktiv. Wird an beiden gegeneinanderstehenden Signalen immer in beiden Richtungen vorbeigefahren, erübrigen sich natürlich zwei gegeneinanderstehende Dioden, eine Drahtverbindung ist dann ausreichend. Zieht ein Relais an, weil das Signal auf GRÜN gestellt wird, folgt das andere Relais automatisch, ohne seine Signaloptik zu verändern. Wechseln die Fahrtrichtung und das Gleis durch Weichenstellung, müssen die Signalrelais über die Zusatzkontakte der Weiche zueinanderfinden. Ist dann nur eine Richtung zugelassen wird mittels Diode und Weichenkontakt verknüpft.

Im Beispiel sehen wir die Verbindungen bei der Streckenverzweigung auf drei Gleise eines Landbahnhofs. Aus Gleis 1 wird mit Signal N1 nur ausgefahren. Relais F wird per Diode von N1 erregt. Der Weichenkontakt wird hierbei nicht benötigt. Von F wird immer für haltende Züge nach Gleis 3 gefahren. Ist kein N3 vorgesehen, erübrigt sich jede Verknüpfung. Die Relais der Signale N2 und F werden dagegen direkt über die Hilfskontakte der Weichen W3 und W4 verbunden.

Die eingeschränkten Fahrstraßen erlauben somit auf Gleis 1 und auf Gleis 3 nur

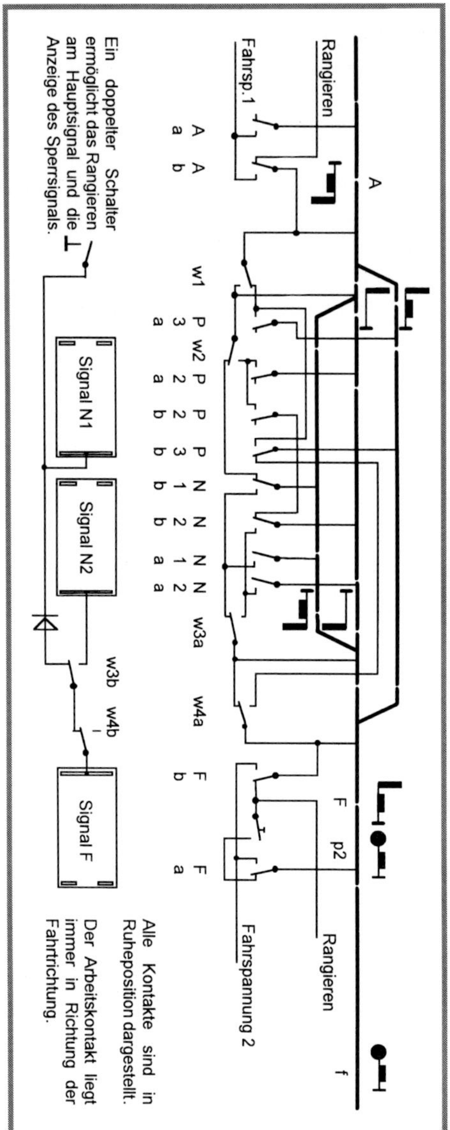

Abb. 24 Dreigleisiger Durchgangsbahnhof

Rechtsverkehr. Durchfahrende Züge benutzen dagegen Gleis 2 in beiden Richtungen.

Die Beschaltung für das Vorsignal p2 wird durch die reduzierte Fahrstraßenführung einfach. Es kann eine direkte Verbindung von P2 und p2 erfolgen. Zeigt P2 „freie Fahrt", wird p2 das voranzeigen. Wird dagegen auf Gleis 3 zum Halten eingefahren, stehen P2 und P3 auf Hp0, und p2 bleibt in Ruhestellung. Muß bei der dritten Möglichkeit auf dem Gleis 2 am P2 angehalten werden, bleibt p2 wieder in Ruhestellung.

Im vorherigen Kapitel über Gleisbesetztmelder finden Sie die Bestückungsansicht des vierfachen Gleisbesetztmelders. Während die beiden unteren Melderbestückungen komplett ausgeführt werden, sind die beiden oberen Baugruppen nur halb bestückt. Ein Melder (ganz oben) reagiert nur auf negative Spannung, während der verbleibende Teil nur für Plus gebaut ist.

Mit dieser Besonderheit können wir die Richtung des fahrenden Zuges erkennen! Das kann man bei einer Automatik z. B. am Signal F nutzen. Fährt der Zug von N1 nach rechts aus, dann darf der GBM am Gleissegment von F natürlich nicht wie bisher zu einem STOPP führen. Dies gilt nur für die andere Fahrtrichtung bei rotem Signal F. Haben wir unser Gleis nach NEM 631 angeschlossen, dann ist die hintere Schiene als Masse anzusehen, und die vordere Schiene führt bei einer Zugfahrt nach rechts Plusspannung. Der Plus-Besetztmelder spricht an, bewirkt aber keinen Stopp, sondern nur das bedingte Rückstellen des Signals N1 auf ROT. Hier gibt es nur eine einzige Einschränkung: Bei einem langen Wendezug mit schiebender Lok kann N1 nicht auf ROT gestellt werden, da sonst die Fahrspannung ausgeschaltet wird.

19. Praktische Ergänzungen

Der tragbare Handregler ist für ein preiswertes Halbschalengehäuse ausgelegt. Der Streckenregler kann mit einem 31-poligen Steckverbinder schnell austauschbar in der Modellbahnanlage untergebracht werden. Bei den anderen Platinen , wie der universellen Relaisschaltung, der automatischen Streckenelektronik oder dem Gleisbesetztmelder, sind dagegen Schraubklemmen vorgesehen, um einzelne Kabel anzuschrauben. Das ist später und ganz besonders bei einer Reparatur unter Zeitdruck eventuell problematisch.
Steckverbinder sind per Zwischenkabel zwar jederzeit montierbar. Die Wahrscheinlichkeit, daß sich dieser Aufwand lohnt, ist aber sehr gering. Einfacher ist es, z. B. die Kabel etwa zwei Zentimeter vor dem anzuklemmenden Ende über ein kurzes Stück abzuisolieren und auf einen entsprechend präparierten Leiterbahnstreifen zu löten. So wird sichergestellt, daß auch ohne Numerierung der einzelnen Kabel bei einem Lösen der Schraubverbindung nichts durcheinander kommt.
Generell lassen sich solche kupferkaschierten Stützpunkte überall auf bzw. unter der Anlage einsetzen. Festgeklebt sind die sehr flachen Stützpunkte äußerst preiswert sowie schnell und an beliebiger Stelle montierbar. Ein Hängenbleiben an hervorstehenden, runden Lötösen oder gar eine Verletzung an kantigen Lötösen ist ausgeschlossen.
Die Platinen tragen an beiden Stirnseiten Schraubklemmen. Es bietet sich daher an, den stützenden Lötpunktstreifen an einer Seite aufzukleben, die Platine durch eine Schraube zu sichern und den zweiten Kabelanschluß, innerhalb eines kleinen Bereichs beweglich, von der anderen Seite heranzuführen. Ein Vertauschen der Kabel wird so beim Herausnehmen einer Platine vermieden.
Wer sich für eine Teilautomatik oder eine andere Elektronik entschieden hat, der muß – wie sonst beim Fahrbetrieb auch – Kontrollanzeigen haben, die einen eventuell gestörten Ablauf anzeigen. Bei komplexen Zusammenhängen spielen meist viele Faktoren eine Rolle. Deshalb ist es unmöglich, mit dem Voltmeter Punkt für Punkt zu überprüfen, um sich einen Überblick über die Situation zu verschaffen. Für Kontrollanzeigen eignen sich hervorragend Leuchtdioden.
Bei einer streckenbezogenen Stromversorgung und geringer Elektronik haben wir nur eine geringe Stromentnahme für die Elektronik aus der eigentlichen Fahrstromversorgung erlaubt. Es wäre natürlich unsinnig, wenn wir jetzt für die Kontrollanzeige durch eine große Stromentnahme zusätzlich Energie verbrauchen. Oberster Grundsatz ist daher, ausschließlich „low-current-LEDs“ zu verwenden und diese per Vorwiderstand auf nur 1 mA einzustellen.
Eine LED dieser Art ist z. B. auf dem Streckenregler vorhanden, um einem Kurzschluß anzeigen zu können. Auf der ASE signalisiert die grüne LED „Start“, die Automatik ist in Aktion getreten. Der Pegel an

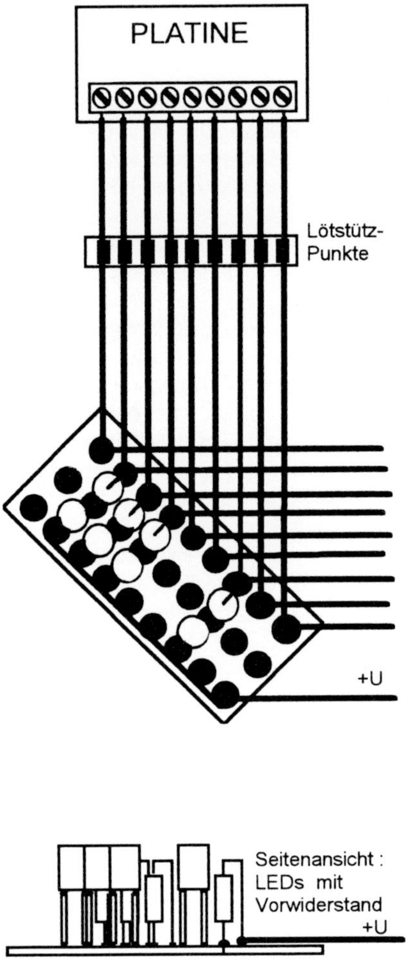

Abb. 25 Stützpunkte und LED-Hilfsanzeigen

den drei Startklemmen ist jetzt PLUS. Ist die Kontroll-LED aus, dann haben wir den Stoppstatus. Jetzt sind die drei Stoppklemmen PLUS.

An welcher Stelle der Automatik wir uns befinden, können wir nur an den Ausgängen zum BEREICH (AB und AUF) feststellen. Wer möchte, kann den Kabelstützpunkt etwas großzügiger ausrüsten und hier die Anzeige-LED mit dem Vorwiderstand einplanen. Wird ein Aufkleben der Platine mit drei Stützpunkt-Reihen erwogen, lassen sich sowohl die Kabel als auch die LEDs mit den Widerständen ohne Bohrungen direkt auf die Kupferflächen auflöten. Die Rückseite ohne Kupferkaschierung bleibt so absolut glatt und läßt sich gut verkleben. Die dritte Reihe benötigt zum Funktionieren der LEDs Betriebsspannung. Für die Massepegel AB und AUF ist dies wie auch für die Ausgänge der Besetztmelder +U.

Achtung, der BEREICH hat dagegen eine positive Steuerspannung, und es liegt hier der direkte CMOS-Ausgang an der Klemme, weil nur die Verbindung zum Streckenregler vorgesehen ist. Es ist damit besondere Vorsicht geboten! Ein Kurzschluß mit spannungsführenden Leitungen zerstört den CMOS-Ausgang innerhalb von Millisekunden. Eine low-current-LED läßt sich aber anschließen, wobei die Polung der LED jetzt anders herum liegt und die Kathode mit Masse zu verbinden ist.

Wer viel mit den beschichteten Hartpapierplatten arbeitet, der hat sicher Reste übrig und kann sich Streifen zurechtsägen und durch Einfeilen der Kupferoberfläche schnell Stützpunkte herstellen. Oder man stellt per Ätzvorlage einen ganzen Platinenstreifen mit exakten Lötflächen her und sägt oder bricht dann die benötigte Einfach- bzw. Dreifachreihe ab.

20. Fahrstraßen

Das Ziel, die ständige Betätigung von Z-Schaltern zu verringern oder gänzlich zu vermeiden, haben wir bereits erreicht. Noch einfacher wird es für den Fahrdienstleiter, wenn er mit einem einzigen Knopfdruck alle Weichen und Signale bis zum gewünschten Ziel in die richtige Position bringen kann. Beim großen Vorbild sind hier einige Sicherheitsaspekte zu beachten. So können Weichen nur gestellt werden, wenn sie nicht bereits einer anderen Fahrstraße zugeordnet sind oder diese tangieren. Ist die Situation klar, werden schließlich die Signale gestellt und die Fahrt kann beginnen.

Im Modell läßt sich das auch mit Hardwareschaltungen nachvollziehen. Jede Anlage benötigt dafür aber eine genaue Planung und eine dafür passende Elektrik bzw. Elektronik, was für die Mehrzahl der Modelleisenbahner jedoch sicher zu aufwendig ist. Meistens ist es völlig ausreichend, wenn der Modellbahnbetreiber, bevor er die Fahrstraße auslöst, die Überprüfung rein optisch vornimmt. Sind Anlagenteile nicht einsehbar, muß die Besetztkontrolle über den Umweg einer Lichtanzeige z. B. im Gleisbild sichtbar gemacht werden und gleichzeitig direkt in die Fahrstraßenauslösung eingreifen.

Im folgenden stellen wir eine Fahrstraße noch vor einsetzendem Betrieb auf der Anlage. Wie bei der automatischen Streckenelektronik setzen wir dafür ein Latch auf EIN oder START. Natürlich benötigen wir für jede von dem jetzigen Ausgangspunkt ausgehende Fahrstraße ein solches Latch. Diese Baugruppe existiert bereits in Form der universellen Relaisplatine. Das Einschalten kann mit positiver Spannung an der einen, aber auch mit Masse an einer anderen Anschlußklemme erfolgen. Beide Pegel sind sowohl zum Setzen als auch zum Löschen möglich. Standard ist das Auslösen per Taste durch kurzzeitigen Kontakt nach Masse.

Der Ausgang ist genauso universell. Ein Relaiskontakt wird nach PLUS, der andere nach MINUS (Masse) verdrahtet. Allerdings erhalten wir, wenn die Fahrstraße gesetzt wird, dann zwei Dauerpegel – einmal mit PLUS und einmal mit MINUS. Das setzt natürlich entsprechende Weichen- und Signalantriebe mit Endabschaltung voraus. Andernfalls würde der Dauerstrom die nicht für Dauererregung gebauten Komponenten beschädigen oder gar zerstören. Mit unserem selbstgebauten Weichenservo haben wir dafür das ideale „Werkzeug“ an der Hand. Selbst, wenn mehrere Servos in einer Fahrstraße gestellt werden müssen, können diese alle gleichzeitig an den Masseausgang des Fahrstraßenrelais angeschlossen werden. Die Summe der einzelnen Stellströme liegt immer noch unter dem Strom für einen Doppelspulenantrieb. Für die Parallelschaltung darf kein direkter Draht verwendet werden! Die Servos müssen durch Dioden entkoppelt sein. Nur so kann später ein Teil der Antriebe auch von einer anderen Fahrstraße aus gestellt werden.

Die schaltungstechnische Unterbringung

der Verknüpfungsdioden kann wieder mittels der Stützpunkttechnik erfolgen. Zwei Hartpapierstreifen mit bis zu neun Lötflächen werden dazu im Abstand von ca. 10 mm aufgeklebt. Auf einem Streifen werden alle Lötpunkte mit dem Zuleitungsdraht gebrückt, während am anderen Ende die einzelnen Dioden mit den Servoanschlüssen Verbindung haben. Die Verknüpfungen sind nicht allgemein festlegbar, sondern müssen auf die jeweilige Anlage zugeschnitten sein. Im Normalfall sind ja nur wenige Weichen zu berücksichtigen. Ansonsten ist der Relaiskontakt der URP problemlos in der Lage, auch zwanzig Servomotoren gleichzeitig mit Spannung und Strom zu versorgen – wenn beispielsweise ein großer Verschiebebahnhof zu bedienen ist. Problematisch wird die Energieversorgung einer solchen Anlage, wenn Doppelspulenantriebe gleichzeitig gestellt werden sollen. Wird der Fahrweg durchgestellt, indem die einzelnen Weichen Schritt für Schritt ausgelöst werden, ist der zeitliche Ablauf normal und unkompliziert. Lediglich der technische Aufwand ist höher, da zusätzlich eine schrittweise steuernde Elektronik benötigt wird. Bei der Extremanwendung überwiegt aber der Vorteil, daß unsere kleine Energieversorgung auch für viele Stellvorgänge ausreicht.

Man kann also zwischen zwei Lösungswegen wählen. Für den zweiten werden sich die Modelleisenbahner entscheiden, die ohnehin keine Servos benutzen, sondern noch ihre Doppelspulenantriebe einsetzen wollen. Aber bleiben wir zunächst beim ersten Lösungsweg mit einem statischen Steuerungsausgang für parallele Auslösung.

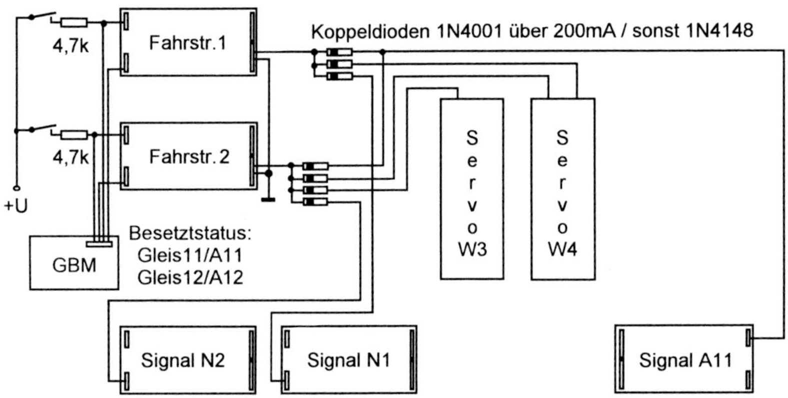

Jede Fahrstraße wird mit Pluspegel gesetzt und mit GBM-Minus verhindert.
Über Koppeldioden werden mehrere Komponenten im Fahrweg auf Dauer erregt (Minus).
Am Zielgleis löscht der richtige Gleisbesetztmelder mit Minus die passende Fahrstraße.

Abb. 26 Verkabelung Fahrstraßenrelais, Signalrelais, Servo

21. Auswahl und Voranzeige

Das dargestellte Beispiel – mit zwei möglichen Fahrstraßen und jeweils drei bis vier gleichzeitig zu stellenden Komponenten – ist in etwa das, was man in der Praxis mit Tastern und ohne weiteren Erklärungsbedarf installieren kann.
Das Auflösen der Fahrstraße durch den Zug, sobald dieser das Zielgleis erreicht, gestaltet sich durch die direkte Drahtung vom GBM zum Fahrstraßenrelais recht praktikabel. Die GRÜN anzeigenden Signale lassen sich durch weitere GBMs schon während der Zugbewegung gezielt zurücksetzen, wenn ein Weichenkontakt zuhilfe genommen wird. Generell lassen sich alle Ausfahrsignale nach rückwärts mittels Diodenverknüpfung auf Hp0 stellen, da ja eine weitere Fahrt zu dieser Zeit noch nicht möglich ist. Man kann so einen u.U. nicht mehr vorhandenen Umschaltkontakt an der Weiche umgehen.
Die Fahrstraßenschaltung für einen Schattenbahnhof ist auch relativ klar: Die Taster lassen sich in eindeutiger Weise auf einem Stellpult anordnen, egal wieviele Gleise zu bedienen sind. Wichtig ist hierbei die korrekte FREI-Anzeige.
Sind kompliziertere Fahrwege gewünscht, dann muß eine optische Voranzeige mit Leuchtdioden die richtige Auswahl des Weges bestätigen, bevor die Fahrstraße tatsächlich gestellt wird. Voraussetzung für eine Anzeige ist ein Gleisbild, das zunächst einmal den Anlagenausschnitt darstellt, der von hieraus bedient werden soll. Dafür reicht eine Montageplatte mit dem aufgemalten Gleisverlauf. Die Größe muß so ausgelegt sein, daß alle Bedienelemente ihren Platz finden.
Die kleinste Baugröße erzielt man mit lötbaren Messingnägeln, die an der Tastposition in die Platte gedrückt werden (vorbohren) und gleichzeitig als Ende der Auslöseleitung dienen. Das funktioniert allerdings nur, wenn alle Komponenten mit der gleichen Polarität gestellt werden. Ein leitender Griffel, z.B. ein alter Kugelschreiber, wird über eine Wendelleitung mit PLUS oder MINUS (je nach Vorgabe) verbunden. Ein bloßes Antippen der Nägelköpfe löst dann den gewünschten Vorgang aus. Im allgemeinen lassen sich so Einzeltaster platzsparend direkt im Gleisverlauf unterbringen.
Ein Gleisbild ist eigentlich erst dann aussagekräftig, wenn es durch eine Anzeige sichtbar wird. Dazu benötigen wir 3-mm-Leuchtdioden. Die LEDs sind rund und haben hinten einen dickeren Kragen. Die Montageplatte wird im Gleisverlauf in gewissen Abständen mit Bohrungen versehen, in die dann die Leuchtdioden von hinten hineingedrückt werden. Man kann natürlich auch Montageklipps verwenden, die aber im Prinzip nur zum Verdecken ausgefranster Bohrungen dienen und teurer sind.
Für eine gute Anzeigewirkung ist es wichtiger, die Abstände der LEDs so eng zu setzen, daß ein regelrechtes Leuchtband entsteht. Was gegen dichtgedrängte Komponenten spricht, ist die Menge der Zuleitungen und die Wartbarkeit und Montage-

fähigkeit benötigter Taster und Schalter. Wer schraubbare Elemente einsetzt, der kann ein Montageraster von 15 mm nicht unterschreiten. Nagelköpfe können dagegen enger gesetzt werden.

Nagelköpfe, Schalter und Taster sind Komponenten für eine Einzelauslösung. Wir wollten doch aber durch Fahrstraßen einen höheren Bedienkomfort erreichen und uns nicht wieder einer uralten Technik bedienen. Müssen wir jetzt also wieder auf das Gleisbildstellpult zurückgreifen, oder vertrauen wir auf eine andere Technik?

Die Antwort darauf ist schwierig: Für Testzwecke muß zwangsläufig eine Einzelauslösung der Baugruppen vorgesehen werden. Das kann man direkt am Signalrelais oder am Weichenservo, versteckt hinter einer Abdeckung, durch gekennzeichnete Stützpunkte erreichen. So läßt sich das Gleisbildstellpult am ehesten einem Gleisbild mit wenigen Auslöseelementen annähern.

Die einfachste Lösung für eine Auswahl bietet ein mehrpoliger Drehschalter mit bis zu zwölf Kontakten und Lötanschlüssen. Seit es keine Drucktasten mit gegenseitiger Entriegelung mehr gibt, ist das die einzige Möglichkeit, ohne großen Aufwand eine Fahrstraße aus mehreren – in diesem Fall bis zu zwölf – auswählen zu können. Ein Vorteil ist die Befestigung mit nur einem Loch. Eine zweite kleine Bohrung wird notwendig, um den Schalter gegen Verdrehen zu sichern.

Ständiges Drehen über andere Schalterstellungen wirkt sich nachteilig aus. Besser wäre, mehr Taster zu installieren, wobei

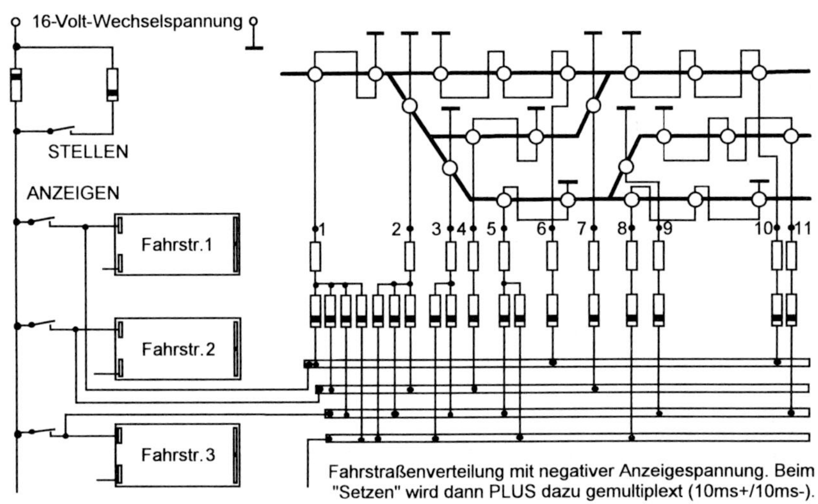

Abb. 27 Voranzeige der Fahrstraße im Gleisbild

diese falsche Werte vermitteln können, wenn mehrere gleichzeitig gedrückt sind. Pro Taster muß ein Befestigungsloch gebohrt werden.
Da wir ja nicht das Stellwerk einer großen Bahn nachbauen, sondern nur eine Bedienungshilfe schaffen wollen, sind sowohl Drehschalter als auch Einzeltaster zum Anwählen einer Fahrstraße einsetzbar. Nach der Fahrstraßenanwahl folgt die optische Kontrolle, ob die Fahrstraße auch an das gewünschte Ziel führt. Mit dem betätigten Schalter müssen wir daher die installierten LEDs über verknüpfende Dioden zum Leuchten bringen. Die Fahrstraße selbst wird aber noch nicht gestellt.
Für die 3-mm-LEDs stehen zwei Varianten zur Debatte. Es gibt ROT-GRÜN-LEDs mit zwei Anschlußbeinchen. Die Änderung der Leuchtfarbe wird durch eine andere Polarität der Betriebsspannung erreicht. Haben wir Plus, dann leuchtet die LED ROT. Bei negativer Spannung erscheint GRÜN. Legen wir Wechselspannung an, wobei ein begrenzender Widerstand vorhanden sein muß, dann leuchten beide Farben. Wenn allerdings der Körper der LED zu klar ist und sich intern das Licht nur wenig bricht, kann die Mischung zur dritten Farbe ausbleiben.
Das ausgeleuchtete Gleisbild braucht natürlich Spannung und Strom. Und da ein Anschluß am Fahrstrom nicht in Frage kommt, müssen wir entweder einen eigenen Trafo zur Verfügung stellen oder wir versorgen das Gleisbild über einen entsprechend groß dimensionierten Beleuchtungstrafo.
Die zweibeinige RG-LED hat gegenüber der dreibeinigen DUO-LED den Vorteil, daß man mehrere LEDs in Reihe schalten kann. So läßt sich energiesparend mit LED-Ketten arbeiten. Diese Schaltungstechnik spart lange Anschlußdrähte, besonders beim Installieren vieler Ketten. Die praktische Installation kann wieder auf die schon gezeigte Stützpunkttechnik zurückgreifen. Für jede RG-LED ist ein Doppelstützpunkt rückseitig auf die Montageplatte aufzukleben. Das gibt enormen Halt, wodurch auch die LED-Montageklipps eingespart werden können. Am Anfang einer jeden Kette sollte ein dreifacher Stützpunkt stehen, um zusätzlich den Widerstand mit unterbringen zu können.
Die unterschiedlich langen LED-Ketten verlangen nach angepaßten Widerständen. Eine Konstantstromquelle scheidet wegen des Betriebes mit wechselnder Polarität und des daraus entstehenden Aufwandes – speziell bei einer großen Anzahl von LED-Ketten aus. Der Widerstand kann annähernd im voraus berechnet werden:
Eine grüne LED hat eine Brennspannung von ca. 1,8 V, die rote von ca. 1,6 V. Bei 16 V effektiver Gleichspannung (Vollwelle) ergibt sich mit 4,7 kOhm ein Strom von etwa 3 mA. Das reicht für eine dezente Beleuchtung. Arbeiten wir dagegen nur mit Halbwellengleichrichtung, weil wir ja aus einer gemeinsamen Wechselspannungsquelle Plus und Minus abzweigen müssen, dann reicht der halbe Widerstand von 2,4 kOhm oder aus der E12-Reihe von 2,2 kOhm.
Zwei LEDs brauchen einen Widerstand von 4,1 kOhm bzw. 2,0 kOhm (nächster Wert 4,3 kOhm). Für drei LEDs sind 3,5 kOhm bzw. 1,8 kOhm (nächster Wert 3,6 kOhm) vorzuschalten. Bei vier LEDs benötigen wir 2,9 kOhm bzw. 1,5 kOhm (nächster Wert 2,7 kOhm). Schließlich verbleibt bei fünf LEDs ein Widerstand von 2,3 kOhm (2,2 kOhm) bzw. 1,1 kOhm.

Die Werte können natürlich prozentual verringert werden, um mehr Leuchtintensität zu erhalten. Bei weiteren LEDs in Reihe wird allerdings aufgrund der anliegenden sinusförmigen Spannung die Berechnung zu ungenau. Je mehr Spannung durch in Reihe geschaltete Dioden zu überwinden ist, um so weniger bleibt vom eigentlich sinusförmigen Energieträger übrig. Es macht auch keinen Sinn, längere Ketten zu installieren, da im Gleisbild ein Gleisabschnitt generell stark verkürzt dargestellt wird.
Soll nach dem Wählen der Fahrstraße mit Anzeigen der gestellte Fahrweg aufleuchten, wird dafür ein Kontakt vom Fahrstraßenrelais genutzt. Für eine andere Farbe muß jetzt über einen zweiten Widerstand an den Punkten 1 bis 11 des Beispiels zusätzlich eingespeist werden. Die positive Beleuchtungsspannung benötigt das gleiche Belegungsschema zusätzlich zur negativen Einspeisung. Bei PLUS sind natürlich alle Dioden umgekehrt gepolt einzulöten. Außerdem benötigt man je eine weitere Diode im Anzeigezweig: Diese schließt die Plusspannung kurz (gegen Masse), die sich rückwärts über die Widerstände und Minusdioden in Richtung „Fahrstaßen-Relais setzen" fortpflanzt!
Man kann auch die gestellte Fahrstraße mit MINUS bzw. GRÜN leuchten lassen und den Besetztzustand in der anderen Farbe, also ROT als wandernden Leuchtbalken dazumischen.
Das Fahrstraßenrelais ist nach Schaltung 10e zu bestücken. Die direkten LEDs können entfallen, da sie durch das Leuchtband ersetzt werden.

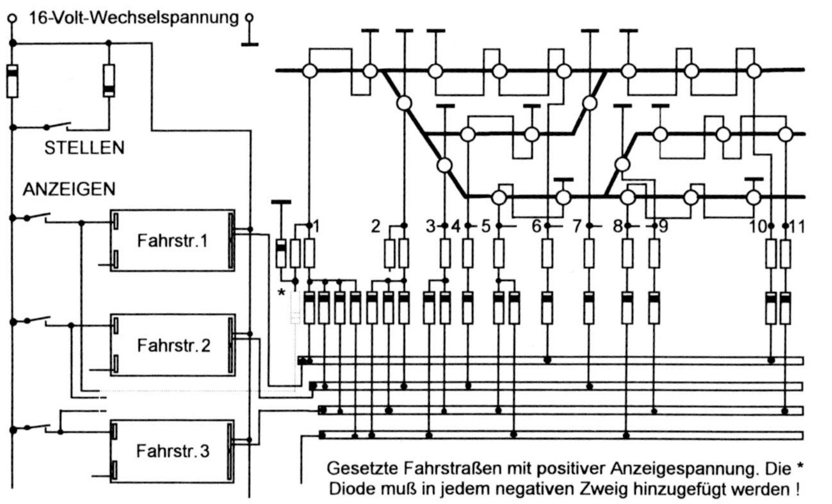

Abb. 28 Die Dioden der gestellten Fahrstraße leuchten mit der zweiten Farbe der DUO-LEDs.

25. Schritt für Schritt

Schon im Kapitel „Fahrstraßen“ wurde auf den weit verbreiteten Doppelspulenantrieb verwiesen, und selbstverständlich soll auch der in unsere Anlage integrierbar sein. Nur: Ein gleichzeitiges Auslösen der stromfressenden Wicklungen ist aus energietechnischen Gründen nicht durchführbar.

Ist ein Fahrstraßenrelais in Kontakt getreten, dann kann der Massepegel anstelle eines Weichenservos den Meldeeingang 1 der automatischen Streckenelektronik belegen und den bisher noch nicht genutzten Teil der Platine mit einem Taktgeber und Schrittschalter auslösen.

Die weiteren Meldeeingänge 2 bis 4 dürfen nicht auf Masse gelegt werden, sonst ist trotz ausgelöster Fahrstraße ein Besetztstatus vorhanden, der den weiteren automatischen Ablauf verhindert. Einsparen lassen sich die Bauteile für die FREI-Melder 2 bis 4 auf der Eingangs- und der Ausgangsseite. Der Melder 5 dagegen muß angeschlossen sein. Er setzt sowohl die ASE als auch das Fahrstraßenrelais wieder zurück. Wir fahren jetzt nicht automatisch. Das Fahrstraßenrelais übernimmt die Rolle der Lok zur Freischaltung der vorausliegenden Strecke. Auch wenn keine Lok abfahrbereit am Start steht, wird die Strecke vorbereitet. Da Verzögerungen und ein angestoßener Zeitablauf ohne Lok natürlich unsinnig sind, entfallen diese Schaltkreise. Steht ein Zug bereit, kann jede Verzögerung natürlich sinnvoll genutzt werden. Wenn mit der Fahrstaße gestartet wird, folgt der BEREICH. Dort wird die Mindestfahrspannung eingestellt. Oder es wird dann später – bei ursprünglicher Reglerbestückung – durch AUF aus der niedrigsten Fahrstufe beschleunigt. Will man beide Versionen nutzen, dann muß der Ausgang AUF über einen von Hand betätigten Schalter zum Streckenregler führen.

Unabhängig von der Fahrspannung muß jedoch zunächst das Ausfahrsignal auf Hp1 schalten. Schon hier ist Doppelspulenantrieb möglich. Die direkt am PIN3 des 555 angeschlossene Transistorstufe gibt den dritten UND-Schalter des CMOS 4093 frei (+5 V schaltet nach Masse). Solange der Dekadenzähler CMOS 4017 auf NULL steht, war die Funktion des UND-Schalters erfüllt. Der Ausgang mit Massepotential hält damit den PIN13 (vierter UND-Schalter) über eine Diode ebenfalls auf Masse. Der RC-Schwingkreis am PIN12 kann erst wirksam werden, wenn über den 555 mit START die Freigabe erfolgt und PIN13 PLUS wird. In diesem Moment beginnt der Lade-/Entladevorgang. Mit jedem Taktimpuls schaltet der 4017 einen Schritt weiter. Die Ausgänge des 4017 gehen auf ein Darlington-Array ULN 2803. Anders als beim schon bekannten ULN 2003 haben wir hier einen achten npn-Transistor im Chip.

Am Ausgang (offene Kollektoren) des Arrays werden die Spulen der Fahrstraßenkomponenten angeschlossen. Das Ausfahrsignal (Spule für Hp1) kommt an den Anschluß #3. Das Signal schaltet also zwischen dem dritten und vierten Takt. Vorher

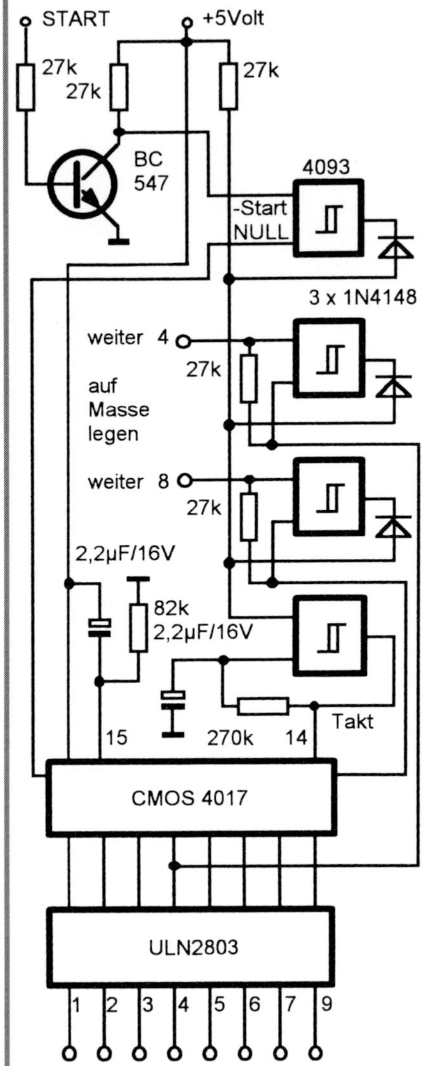

Abb. 29 Elektronischer Schrittschalter

sollte der entsprechende Fahrweg z.B. durch zwei Weichen mit dem Takt 1 und 2 gestellt werden. Gleichzeitig lassen sich vom Fahrstraßenrelais auch Servoantriebe schalten. Nach dem vierten Takt bleibt unser Dekadenzähler (CMOS 4017) stehen. Unter der Voraussetzung, alle diese Elektronikkomponenten für Anlagenmodule zu nutzen, ist eine größere Anzahl von Stellgliedern bei der ASE nicht eingeplant. Wir haben bei einer Unterbrechung nach dem Takt #4 zwei Weichen und das Ausfahrsignal gestellt. Ausgang 4 wird wie 0 per LED angezeigt, um eine kleine Kontrolle über den Ablauf des Taktgebers zu erhalten. Ausgang #4 geht weiter auf den ersten UND-Schalter des 4093. Dieser Schaltkreis stoppt den Taktgeber. Der erste oder zweite Gleisbesetztmelder im Streckenverlauf kann den Stopp mit seinem Massepotential aufheben. Der Taktgeber läuft jetzt weiter bis #8.

Durch diese Anordnung läßt sich das Ausfahrsignal, sobald die Lok den Signalbereich verlassen hat, auf Hp0 zurückstellen. Takt #6 und #7 kann man für eine weitere Weiche im nächsten Bahnhof und für das Einfahrsignal nutzen. Diese Aufteilung erweckt den Anschein, daß der Fahrweg durch ein mechanisches Stellwerk gestellt wird. Bei Takt #8 folgt der nächste Stopp. Der ist notwendig, um bei maximal zehn möglichen Schritten mit Impuls #9 das Einfahrsignal ebenfalls wieder auf ROT zu bringen. Logischerweise veranlaßt hier der Melder „Ziel erreicht“ das Weiterlaufen. Da gleichzeitig auch das Fahrstraßenrelais und der START am 555 gelöscht wird, hält der Taktgeber jetzt bei NULL, um auf einen neuen Beginn zu warten. Soll der Stopp #4 unterbleiben, kann der Eingang vom GBM direkt auf Masse gelegt werden.

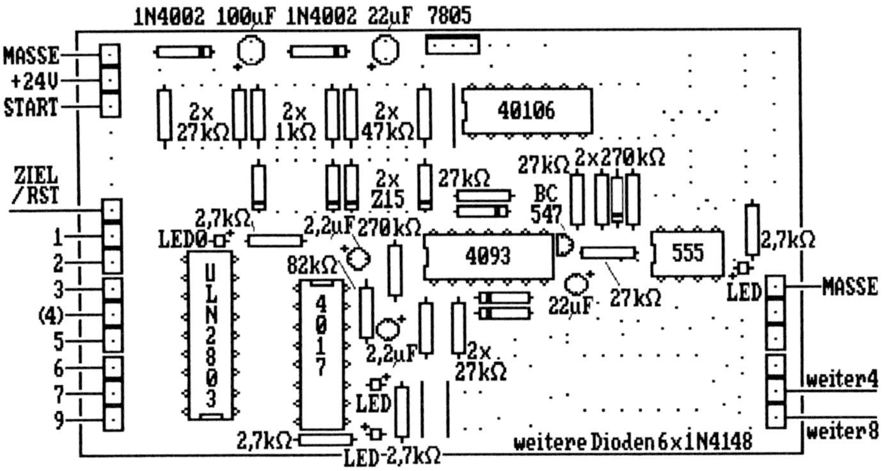

Abb. 30

Stückliste: ASE-Schrittsteuerung

7 Anschlußklemmen	3 x 3,5 mm
2 Dioden	1N 4002
7 Dioden	1N 4148
1 Elko	100 µF/25 V
1 Elko	22 µF/25 V
1 Elko	2,2 µF/16V
1 Elko	10 µF/16 V
1 Elko	22 µF/16 V
1 IC-Sockel	8-polig
2 IC-Sockel	14-polig
1 IC-Sockel	16-polig
1 IC-Sockel	18-polig
1 IC	NE 555
1 IC	CMOS 4017
1 IC	CMOS 4093
1 IC	CMOS 40106
1 IC	ULN 2803
2 low current LEDs	grün
2 low current LEDs	rot
1 Festspannungsregler	7805
1 Transistor	BC 547
2 Widerstände	1 kOhm/0,25 W
4 Widerstände	2,7 kOhm/0,25 W
6 Widerstände	27 kOhm/0,25 W
2 Widerstände	47 kOhm/0,25 W
1 Widerstand	82 kOhm/0,25 W
3 Widerstände	270 kOhm/0,25 W
2 Zenerdioden	15 V/300 mW
3 Drahtbrücken	

Die Taktfrequenz und damit die Anzugszeit der Doppelspulen wird vom RC-Glied bestimmt. Bei 270 kOhm ist für C ein Wert von 2,2 µF bis 22 µF zu wählen.
Für normale Doppelspulen sind 2,2 µF mit einer Anzugszeit von ca. 0,5 Sekunden genau richtig. Wer Servoantriebe schrittweise stellen will, der kann dagegen auf 22 µF zurückgreifen und alles langsam auslösen.
Zum Schluß bleibt uns noch ein Problem: Beim Einschalten der Stromversorgung geht der elektronische Schrittschalter sofort auf START. Das kann man mit einer automatisch arbeitenden Einschalt-Lösch-Schaltung verhindern. Es kann auch vorkommen, daß jemand eine falsche Fahrstraße ausgelöst hat. In diesem Fall ist es mit dem Löschen von START alleine nicht getan!
Der Schrittschalter wurde aktiviert und steht bei „4“ oder „8“. Hier muß zusätzlich auf „0“ zurückgestellt werden. Da u.U. ein Signal auf GRÜN gegangen ist, ist die Rücksetzung des Dekadenzählers allein nicht ausreichend. Die Schrittfolge muß komplett durchlaufen, um dann bei Null ohne Start von alleine anzuhalten. Das dauert natürlich und die Eingänge „Melder 5", „weiter 4“ und „weiter 8“ sind für mehrere Sekunden mit einem Kippschalter über drei verknüpfende Dioden auf Massepotential zu ziehen.
Das kann man für jede Fahrstraße einzeln installieren. Ist aber nur eine Fahrbewegung möglich, genügt ein Schalter für alle Fahrstraßenrelais. Bei mehreren gleichzeitig geschalteten Fahrwegen funktioniert auch eine Kombination aus einzelnen Lösch-Schaltern mit einem gemeinsamen Hauptschalter. Der Eingang auf „Melder5“ setzt natürlich auch den START der Verzögerungskette zurück!
Fahrstraßen lassen sich in beide Fahrtrich-

Foto 7 Die automatische Streckensteuerung als elektronischer Schrittschalter

tungen öffnen. Das ist unser Ziel für einen interessanten Fahrbetrieb nach Vorbild. Sowohl der gleichzeitige Antrieb der Weichenservos als auch das getaktete Stellen von Doppelspulen gilt für jedes Fahrziel und jede Richtung. Unser bisheriger Fahrregler besitzt jedoch eine Einschränkung: Um die Masseschiene einzuführen und ein klares Anschlußkonzept für eine Fahrautomatik und die Besetztmelder zu erhalten, haben wir das Fahrtrichtungsrelais mit dem Fahrtrichtungswechsel aus der Reglerschaltung weggelassen.

Wenn wir den Polwendeschalter wieder einführen wollen, gibt es ein Schaltungsproblem durch die Polwendung der Masse auf die andere Schiene. Außerdem brauchen wir zusätzliche Relais-, Signal- und Servokontakte zur Umschaltung der in diesem Fall immer beidseitig getrennten Schienen. Wir können die Gleisbesetztmelder mit dem jetzigen Streckenregler nur dann kombinieren, wenn die Polwendung nach jedem Besetztmelder durch ein Relais mit zwei Umschaltkontakten in Richtung Gleissegment durchgeführt wird. Nicht überwachte Gleisbereiche lassen sich hinter einem Polwenderelais, das der Reglerplatine nachgeschaltet ist, anschließen. Die ursprüngliche Relaisposition auf dem Regler darf nicht belegt werden, da der Reglerausgang die noch nicht gedrehte positive Fahrspannung an alle nachgeschalteten GBMs und Polwender weitergeben muß. Nur so bleibt der Minuspol des Reglers (Reglermasse) mit der Elektronikmasse der Gleisbesetztmelder und der anderen elektronischen Schaltungen verbunden.

Auch die Polwenderelais sind schaltungstechnisch korrekt eingebunden. Sie liegen gegen +U (positive Versorgungsspannung) und werden durch Masse aktiviert. Das läßt sich mit dem Fahrstraßenkonzept sogar recht einfach durch die jeweilige Fahrstraße, welche ja automatisch die Richtung vorgibt, realisieren – allerdings mit Mehraufwand. Die Fahrspannung bleibt somit generell positiv. Für Fahrstraßen einer Richtung bleiben alle Umpolrelais in Ruhestellung. Wird dagegen die andere Fahrtrichtung gewählt, müssen alle Polwenderelais erregt werden. Das erfolgt direkt vom Fahrstraßenrelais aus per Koppeldioden – wie bei den angeschlossenen Servos und Signalrelaisplatinen.

Die Verknüpfungen lassen sich natürlich nur durchführen, wenn wir die Elektronik hierfür zentral zusammenfassen. Das spricht gegen die Installation in einer Modulanlage. Zumindest ist bei der angewandten Technik der Einsatz von Fahrstraßen mit dicken Steuerleitungsbündeln, welche die Verknüpfungen herstellen und die Rückmeldungen wieder zum Gleisbildstellpult zurücktransportieren, nur bedingt möglich.

Zur eindeutigen Kennzeichnung der Fahrstraßenrichtung muß auch die LED-Anzeige im Gleisbild überdacht werden. Die RG-LEDs mit zwei Anschlußbeinchen konnte man in Reihe schalten und so die Anzahl der Zuleitungen gering halten. Für die DUO-LEDs mit drei Anschlüssen muß man, wenn man die Rückseite der Frontplatte gleich als Masse nutzt, jeweils zwei Drähte zu den Koppeldioden der Fahrstraßenrelais ziehen. Der logische Aufbau wird dadurch zwar einfacher, aber der Verkabelungsaufwand ist wesentlich höher. Alle nach rechts weisenden Fahrstraßen lassen sich jetzt ROT und die Gegenrichtung mit GRÜN ausleuchten. Steuert man beide LED-Anschlüsse an – beide mit PLUS! –, dann zeigt die Mischfarbe GELB (ORANGE) den besetzten Teil der Strecke.

23. Vertauschte Rollen

In der ersten Modellbahnstunde haben wir die Trafosteuerung, die tragbaren Handregler und das Mitlaufen mit der Lok kennengelernt. Der Modelleisenbahner war hier in erster Linie Lokführer. Signale gab es nicht, und Weichen wurden vor Ort von Hand gestellt. Lästig war die ständige Zuordnung der Fahrspannung zum richtigen Gleis per Kippschalter.

Bestimmt gibt es viele Modelleisenbahner, die sich mit dem Rollenspiel „LOKFÜHRER" in der beschriebenen Weise nicht anfreunden können. Nun – am Regler drehen, alle Fäden respektive Taster und Schalter in der Hand haben, dagegen ist nichts einzuwenden. Aber mitlaufen? Das könnte beim modernen Schnellverkehr mit ICE und Geschwindigkeiten von 1 m pro Sekunde ja in Leistungssport ausarten! Nein, nein – die Rennschuhe gehören in den Schrank und ein bequemer Regiestuhl muß her. Ab sofort wird jeder Bahnhof mit einem Fahrdienstleiter besetzt. Nur das Rangierpersonal darf noch laufen.

Schon gibt es das erste Problem: Unser Modul-Bahnhof besitzt zwei Stellpulte. Wegen der günstigeren Verkabelung gehören ja Ausfahrsignale und das Weichenvorfeld bis zum Einfahrsignal zusammen. Hat der Bahnhof lange, vorbildgerechte Bahnsteiggleise, dann reichen die Arme des Fahrdienstleiters nicht aus, um beide Pulte ohne ständiges Pendeln zwischen den beiden Standorten bedienen zu können.

Wir müssen zusätzlich die Gleisanzahl, die Verkehrsdichte der ankommenden und abfahrenden Züge und die Gesamtzahl der Bahnhöfe berücksichtigen: Zugbewegungen, Fahrweg, Verständigung zwischen den einzelnen Bahnhöfen – all das muß, häufig sogar gleichzeitig, kontrolliert werden! Völlig neu ist vor allem der Gesichtspunkt der Kommunikation zwischen einzelnen Bahnhöfen; sobald mehrere Bahnhöfe existieren und diese mit je einem oder zwei Modelleisenbahnern besetzt sind, muß eine Verständigung bei einer gewünschten Abfahrt in Richtung Zielbahnhof erfolgen. Einfach ist es bei einer zweigleisigen Strecke mit automatischem Block. Hier wird elektronisch nach hinten der Besetztstatus gemeldet und eine neue Fahrt automatisch unterbunden. Kniffliger ist die Situation dagegen bei der eingleisigen Strecke. Der Ablauf gestaltet sich im Prinzip genauso wie beim großen Vorbild.

Bevor eine Fahrstraße zum Zielbahnhof gestellt werden darf, muß der Verantwortliche die Bestätigung einholen, daß die gewünschte neue Fahrt keine Probleme aufwirft. Der Zielbahnhof kann ja aus irgendeinem Grund keinen weiteren Zug mehr verkraften. Alle Gleise sind besetzt und der Fahrdienstleiter möchte selber einen Zug ausfahren lassen. Selbst beim Fahren nach Fahrplan muß diese Kommunikation stattfinden. Wer dies nicht berücksichtigt, kann einen Bahnhof ganz zum Erliegen bringen. Dann geht auf der eingleisigen Strecke nichts mehr!

Da wir schon alle Komponenten für eine

Fahrstraße parat haben, müssen wir nur noch das Problem „Zielbahnhof" abklären. Bei einem dreigleisigen Bahnhof werden wir die Taste drücken, die uns den korrekten Fahrweg in Richtung Ziel öffnet. Folglich sind drei START-Tasten notwendig. Die Farbe der Taster wäre dem Zweck entsprechend GRÜN. Als Position käme der jeweilige Signalstandort N1, N2 oder N3 in Frage. Eine Voranzeige der Fahrstraße mit dreibeinigen DUO-LEDs ist per Dioden und den entsprechenden Vorwiderständen schnell erreicht. Es ist sinnvoll, hierfür positive Spannung zu benutzen, da damit die LEDs direkt vom Taster aus aktiviert werden und leuchten.

Die positive Auslösespannung führt auch auf eines der drei Fahrstraßenrelais und auf eine gemeinsame Anfrageleitung. Die Anfrageleitung läuft zum Zielbahnhof, um dort unsere Absicht anzuzeigen, einen Zug in diese Richtung fahren zu lassen. Als Anzeige kommt eine selbsttätig blinkende LED in Betracht. Wird ein akustisches Signal gewünscht, sind entsprechende Summer als Fertigteil im Handel erhältlich.

Die Fahrstraßenrelais werden zum Zeitpunkt der Anfrage noch nicht gesetzt! Es fehlt die Bestätigung vom Zielbahnhof, wobei drei Antworten möglich sind.

Die unliebsamste Antwort ist natürlich NEIN. Die Fahrt in Richtung Zielbahnhof wird verweigert. Das wiederum erfordert dann noch ein Telefon, um die Situation richtig abklären zu können. Das JA für eine Fahrt kann zwei Bedeutungen haben. Zunächst wird die Fahrstraße nur bis zum Einfahrsignal freigegeben. Dafür wird ein Taster am A11 installiert. Wird dieser gedrückt, dann öffnet der Massekontakt, der das Setzen der Fahrspannungsrelais im Ausgangsbahnhof bisher verhindert hat.

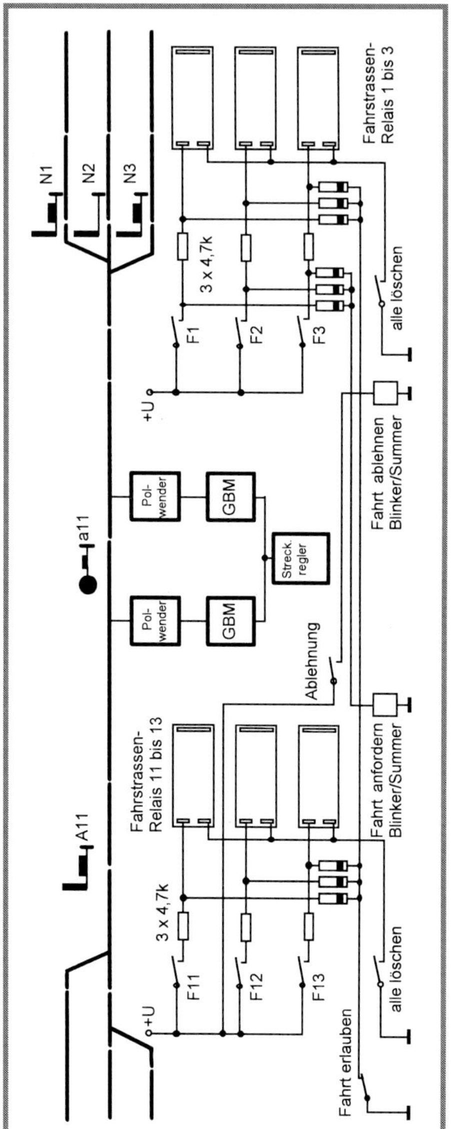

Abb. 31 Sechs mögliche Fahrstraßen

Wird gleichzeitig noch ein Zieltaster im Zielbahnhof gedrückt, dann werden auch hier die Fahrstraßenrelais gesetzt, wodurch die befahrbare Strecke sich bis zum tatsächlichen Zielpunkt verlängert. Die Strecke ist dann durchgehend mit dem Streckenregler für alle Arten von Zügen – eine Lok voraus, zwei Zugloks in Doppeltraktion, Wendezuglok hinten und Lok voraus mit Schiebelok am Zugende – von Bahnsteig bis Bahnsteig durchgeschaltet.

Wie beschrieben, befinden sich je eine Taste für das Beschleunigen (AUF) und Bremsen (AB) jeweils rechts und links der Strecke im halben Stellpult eines jeden Bahnhofs. Der abschickende und auch der empfangende Fahrdienstleiter hat Zugriff auf den Streckenregler. Egal, welche Steckverbinder verwendet werden, sind die Leitung 6 für AUF und die Leitung 7 für AB vorgesehen. Das Richtungsrelais kann auf der Platine des Streckenreglers mituntergebracht sein, wenn kein Gleisbesetztmelder benötigt wird, also reiner Handbetrieb gewünscht ist. Das Relais ist an Leitung 8 angeschlossen.

Allerdings sollte hier eine Änderung in der Ansteuerung des Relais vorgenommen werden! Da die Bedienung über das Stellpult erfolgt und kein aussteckbarer Handregler benutzt wird, ist eine Speicherung des Richtungswertes unnötig. Es bietet sich daher an, die schon im Kapitel „Streckenregler“ erwähnte Wechselschaltung mit zwei Kippschaltern (1 x UM) zu installieren. Dafür werden zwar zwei weitere Verbindungsdrähte notwendig, was aber in Anbetracht der eingleisigen Strecke und der vielen freien Leitungen am Scart-Stecker (Leitungen 13 und 15 bis 20) kein Problem sein sollte.

Die Gesamtschaltung des Streckenreglers erlaubt den ständigen und gleichzeitigen Zugriff auf denselben Zug von zwei Stellpulten aus. Dies ist absolut ungewöhnlich.

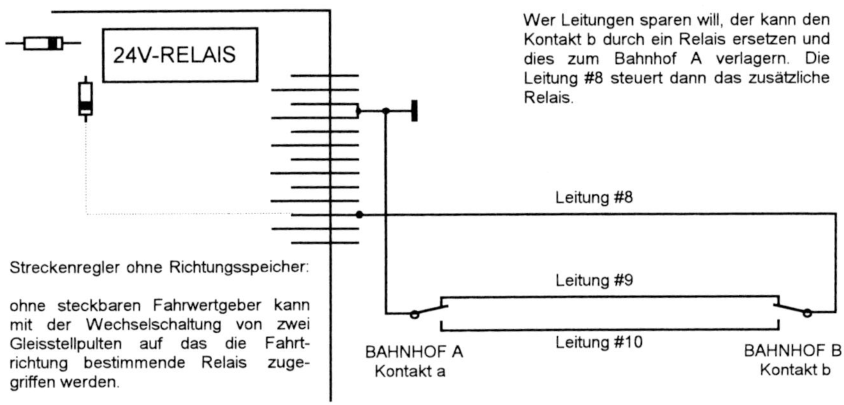

Abb. 32 Richtungsrelais in Wechselschaltung

Der Sinn, die Übergabefahrt von einem zum nächsten Bahnhof durchzuführen, wird aber voll erfüllt.

Ehe wir auf eventuelle Einwände zu dem beschriebenen Übergabekonzept eingehen, ist zur eingleisigen Strecke und der gezeigten Elektronik bzw. der Verkabelung noch anzumerken, daß Abb. 31 natürlich für beide Richtungen in gleicher Art aufzubauen ist.

Was die Verbindungsleitungen anbelangt, reichen die im Scart zur Verfügung stehenden Leitungen gerade so aus. Wir können „Fahrt anfordern" auf 15 legen und die negative Antwort „Ablehnung" über 16 zurückschicken. Leitung 17 gibt dagegen den Massepegel frei, wenn die Fahrt erlaubt wird.

Bei einer Fahrt in Gegenrichtung werden die Leitungen 18, 19 und 20 in gleicher Art genutzt. Die Masseleitungen 11 und 21 dürfen aus Sicherheitsgründen nicht anderweitig verwendet werden. Hier ist immer Masse anzuschließen! Die Leitungen müssen auch immer durchgeschaltet und im Modul verlegt werden.

Es ist anzunehmen, daß für Beleuchtung und andere Verbraucher auf der Anlage noch Energie bereitzustellen ist. Die zahlreichen elektronischen Komponenten sollten auch nicht unbedingt Energie aus dem Fahrtrafo entnehmen. Die Leitung 14 ist daher als Energieverteiler mit positiver Spannung (Lichtspannung) zu nutzen und von einem sogenannten Lichttrafo mit nachgeschaltetem Brückengleichrichter zu versorgen.

Wer sich für den Scart-Steckverbinder entschieden hat, der verfügt noch über die zwei freien Leitungen #12 und #13, die jedoch für zwei Vorsignale an der Strecke benötigt werden. Wenn eine einigermaßen vorbildgetreue Aufstellung angestrebt wird, dann ist nicht einmal bei der Spurweite Z eine Aufstellung mit dem Einfahrsignal zusammen auf dem gleichen Modulkasten möglich. Unsere letzten Verbindungsleitungen sind also auch schon verplant. Da der Anschluß am jeweiligen Vorsignal endet, gehen die Leitungen nicht durch zum anderen Bahnhof. Die zwei Verbindungen reichen vom jeweiligen Stellpult bis zum Vorsignal für die Anzeige der Signalbilder VR0 und VR2. Für Vr1 fehlt bereits eine Leitung. Muß Vr1 unbedingt angezeigt werden, kommen wir nur mit Multiplexen mit +50Hz und -50Hz als Trick ohne weitere Leitung aus.

Nun zu den letzten Einwänden zum vorgeschlagenen Ablauf: Geht automatisches Rücksetzen der Ausfahrsignale auf Hp0? Ja – und zwar ohne größere Probleme. Der entsprechende Gleisbesetztmelder zeigt beim Stromverbrauch der ersten Achse Massepotential an seinem Ausgang und kann daher den Schalter „alle löschen" direkt ersetzen oder parallel zu ihm angeschlossen werden.

Mehrere GBMs sind möglich, um z. B. die nicht einsehbare Strecke am Gleisbild anzuzeigen. Das erfordert Zusatzleitungen, also den 30-poligen Steckverbinder oder eine zusätzliche Kupplung. Das für jedes GBM erforderliche Polwenderelais wird an die Leitung #8 angeschlossen. Damit folgen alle Richtungsrelais der Stellung der Wechselschalter.

Wem die doppelte Zugriffsmöglichkeit auf den Streckenregler nicht gefällt, der kann die GBMs zusätzlich nutzen und dem zuständigen Fahrdienstleiter die Kontrolle über den Zug per Relais – ohne Speicher Flipflop – exakt zuordnen. Auch ein automatisches Bremsen vor dem Einfahrsignal ist bei Hp0, der Gleisbesetztmeldung und der richtigen Fahrtrichtung denkbar.

27. Schattenbahnhof

Den meisten Modelleisenbahnern braucht man diesen Begriff nicht mehr zu erklären. Freunden des großen Vorbilds sollte man jedoch schon noch einige Worte dazu sagen; denn bei der richtigen Eisenbahn gibt es so etwas nicht. Ein Bahnhof, der im Schatten liegt bzw. verdeckt, überbaut und getarnt ist, soll möglichst viele Züge aufnehmen und auf Abruf auf die Reise schicken. So kann ein Modelleisenbahner eine größere Anlagenkapazität als eigentlich vorhanden simulieren.

Unterirdische Bahnhöfe größeren Ausmaßes gibt es beim Vorbild in den östlichen Ballungszentren der USA, wo der Squareyard (bei uns: Quadratmeter) kaum noch zu bezahlen ist. Diese sind aber nicht voll mit Zügen wie beim Schattenbahnhof üblich. Hätte der Modelleisenbahner Platz, dann ständen seine Kostbarkeiten wahrscheinlich gut sichtbar an der Oberfläche. So müssen die jederzeit fahrbereiten Garnituren eben unterirdisch im Schattenbahnhof warten.

Warum sollen diese überhaupt besprochen werden? Nun – ein Modellbahn-Lokführer, der mit Handregler kontrolliert, sollte natürlich seinen Zug und das zu befahrende Gleis einsehen können. Beim Schattenbahnhof ist das nicht der Fall. Es gibt daher zwei Alternativen für den Betrieb: Entweder wird von Hand gesteuert, dann ist eine exakte Gleisbesetztanzeige notwendig; oder man läßt die Züge automatisch fahren. Der Kollege Elektronik übernimmt zumindest die Einfahrt, das Stellen der Weichen auf das nächste freie Gleis und das Vorrücken des Zuges bis zum Halteabschnitt. Eine Ausfahrt dagegen erfolgt von Hand durch den Lokführer oder Fahrdienstleiter.

Ein manueller Abstellvorgang dürfte mit unseren Gleisbesetztmeldern eigentlich kein Problem mehr sein. Auch die Weichenservos oder Hilfsrelais dienen der Fahrweganzeige, um ans gewünschte Ziel im Untergrund zu gelangen. Wie sieht es dagegen mit den bisher vorgestellten Baugruppen aus? Läßt sich hiermit ein Schattenbahnhof steuern?

Das kann durchaus mit der notwendigen Sicherheit erreicht werden. Wie bei jedem Projekt sind aber zunächst die Bedingungen für den Betrieb festzuhalten. Die wichtigste Festlegung ist, daß nur „eine Fahrtrichtung" zugelassen wird. Wie einfach die elektronischen Sicherungsmaßnahmen sind, wenn kein Gegenverkehr den automatischen Ablauf durcheinanderbringt, wissen wir bereits. Zweitens darf keine Ausfahrt erfolgen, wenn in den Schattenbahnhof eingefahren werden soll. Die sich ändernde Besetztmeldung darf nicht auf die Weichen wirken, solange ein Zug sein Abstellgleis nicht erreicht hat und sich daher noch im Bereich der Einfahrweichen befinden könnte. Am einfachsten läßt man daher keine Änderung des Besetztstatus beim Einfahren zu. Das STOPP-GLEIS braucht keine Fahrspannung und besitzt somit einen Freimelder. Das zwischen der Einfahrweiche und dem STOPP-GLEIS liegende Abstellgleis muß seine Fahrspannung für Langsamfahrt vom Zufahrtsgleis beziehen. Man sollte anstreben, daß alle Abstellgleise gleich lang sind und so jeder Zug in jedes Gleis einfahren kann. Wird dies nicht eingehalten, erhöht sich der Steuerungsaufwand beträchtlich.

Damit ergibt sich folgende Forderung an die Elektronik: Bei der Einfahrt in den Schattenbahnhof muß die Besetztmeldung die Ausfahrspannung unterdrücken; es sei denn, ein Zug befindet sich gerade auf der Ausfahrt. Dann ist die Einfahrt zu unterbinden. Da die Fahrspannung auf Langsamfahrt eingestellt ist, kann ein einfacher Relaiskontakt am Relais, das direkt vom Gleisbesetztmelder der Ausfahrt angesteuert wird und keine Latchfunktion besitzt, den Einfahrbereich abschalten. Sobald die Ausfahrt FREI ist, kann der einfahrende Zug weiterfahren.

Der einfahrende Zug unterbricht seinerseits mit einem ebenfalls direkt angesteuerten Relais die Ausfahrspannung. Wer zuerst kommt, der fährt zuerst. Aus Sicherheitsgründen ist der Einfahrkontakt ein Arbeitskontakt! Fehlt die Versorgungsspannung, kann das Relais keinen Kontakt herstellen und der Zug nicht einfahren. Die Ausfahrt ist kein Problem. Der Fahrdienstleiter stellt ja mindestens eine Weiche und drückt den Taster so lange, wie das Ausfahrgleis seine Fahrspannung erhalten soll. Vom Gleisbesetztmelder der Einfahrt aktiviert zieht ein Relais an, wobei der dann geöffnete Ruhekontakt die Ausfahrspannung wegschaltet. Der GBM „Ausfahrt" dagegen wirft das Relais für die Einfahrt ab. Das erfordert einen entsprechenden Bestückungsplan für die URP.

Jedes freie Abstellgleis wird durch einen Arbeitskontakt an die Einfahrspannung gelegt. Der Freimelder schaltet das Relais so-

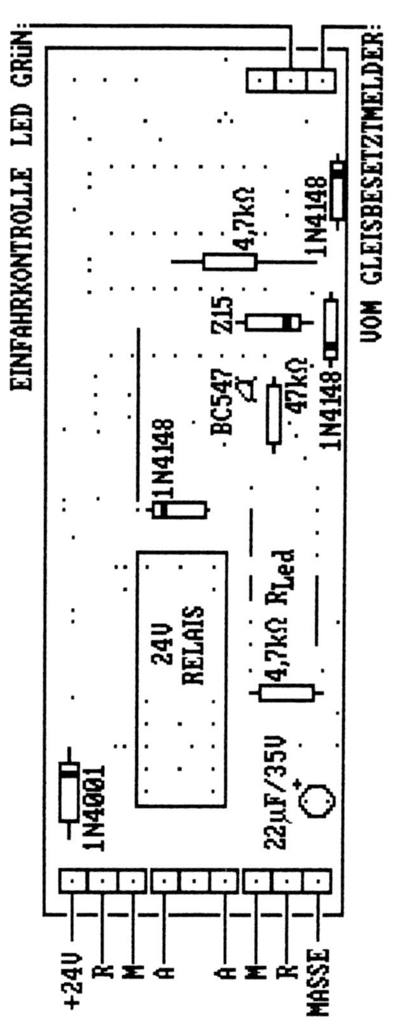

Abb. 33 Beim FREI-MELDE-RELAIS zieht das Relais durch Plusspannung an der Basis des BC 547 an. Hat der Eingang Masse, dann fällt das Relais ab.

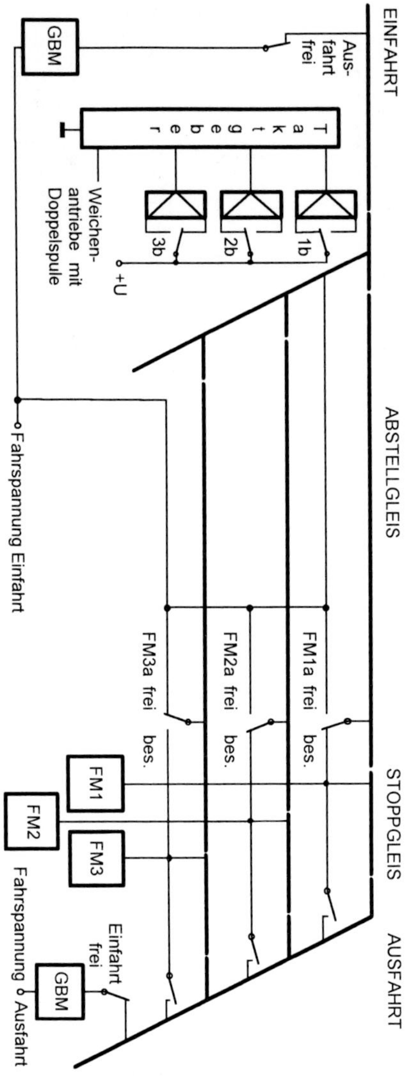

Abb. 34 Schattenbahnhof

fort ab, wenn er von der ersten leitenden Achse besetzt wird. Dann liegt das gesamte Abstellgleis elektrisch am STOPPGLEIS. Damit kann jede beliebige Zugzusammenstellung einfahren, egal, wo die Lok im Zug eingereiht ist. Das Abstellgleis arbeitet in Stromspartechnik. Alle LEDs und Lämpchen bleiben bis zur Ausfahrt dunkel. Jedes Freimelderelais hat einen zweiten Kontakt. Der liegt am Weichenantrieb und legt die Richtung GERADEAUS – am Abstellgleis vorbei – an die (positive) Betriebsspannung. Das ist jetzt eine gänzlich andere Anschlußtechnik! Nicht nur der Richtungsanschluß des Weichenantriebes – egal, ob Servo oder Doppelspule – wird angeschaltet, sondern auch der gemeinsame Anschluß (die Spannungsversorgung) erhält gezielt seinen Strom. Ist das Abstellgleis FREI, dann wechselt der Kontakt auf Abzweigen.

Ausgelöst wird das Stellen vom einfahrenden Zug. In dem Moment, wo der GBM auf Einfahrt schaltet, können z. B. alle Servos in ihre neue Position laufen. Doppelspulenantriebe sind von einem loslaufenden Taktgeber einer nach dem anderen an Masse zu legen. Es schalten alle Antriebe, bei denen sich seit der letzten Einfahrt der Status geändert hat. Wirksam wird natürlich nur die erste Weiche, die auf Abzweigen steht und den Zug auf das freie Abstellgleis leitet.

Sind alle Gleise belegt, dann muß die Einfahrt wie bei einer schon begonnenen Ausfahrt verhindert werden. Alle Freimelder sind auf einen Minus-Oder-Schalter zu führen, der dann zum Plus-Und-Schalter wird (alle Abstellgleise BELEGT) und den Einfahrkontakt (Ausfahrt FREI) abwirft.

Man kann natürlich auch ein Durchfahrgleis bereithalten, wenn alle Abstellgleise besetzt sind. Dann fährt der Zug ohne Halt wieder aus dem Schattenbahnhof aus. Das Durchfahrgleis und das Ausfahrgleis muß dafür mit dem GBM (Ausfahrt) verbunden sein. Solange beide Bereiche besetzt sind, ist die Einfahrt blockiert.

Während in Abb. 34 die Zuführung der Fahrspannung und die Anschaltung der Weichenantriebe zu erkenen ist, zeigt Abb. 35 die Anschaltung der Relais in Form von Freimeldern und Besetztmeldern mit Folgerelais.

Der Taktgeber ist bei Servos der direkte Masseausgang des Besetztmelders für die Einfahrt. Sollten Stromprobleme auftreten, also der Ausgangstransistor des GBM zu schwach sein, dann muß ein Folgerelais dazwischengeschaltet werden. Der nach Masse schaltende Relaiskontakt reicht so für eine beliebige Anzahl von Servoantrieben.

Bei Doppelspulen mit Endabschaltung und nur wenigen Weichen (also ca. drei Abstellgleisen) kann der Relaisausgang des GBM auch noch eingesetzt werden. Drei Abstellgleise benötigen zwei Weichen. Es sind somit immer zwei Spulen gleichzeitig unter Strom zu setzen. Liegt eine Weiche schon in richtiger Position, wird aber nur eine Spule aktiviert.

Es kann durchaus vorkommen, daß mehrere Züge ausfahren, bis wieder ein Zug in den Schattenbahnhof einfahren soll. In diesem Fall werden dann u.U. alle Weichen gleichzeitig gestellt. Da man immer vom ungünstigsten Wert ausgehen muß, um nicht Komponenten durch Überlastung zu gefährden, sind mehr als drei Weichen am GBM strikt verboten.

Eine Kettenschaltung mit CMOS 4017 und ULN 2803, ähnlich der automatischen Streckenelektronik, ist die Lösung für alle Antriebe ohne Endabschaltung.

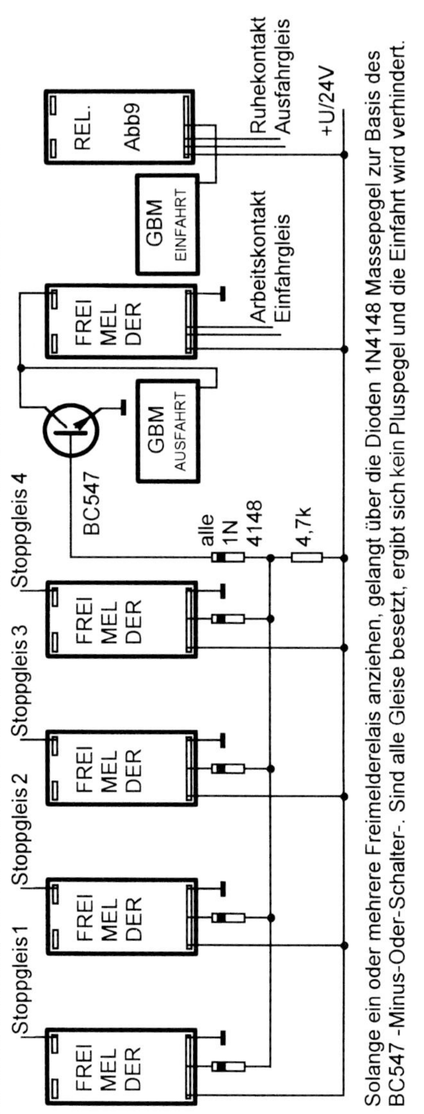

Abb. 35 Schattenbahnhof voll belegt

25. Ausfahrt – aber wie?

Wird ein Schattenbahnhof erstmals mit Zügen bestückt, dann geschieht dies vom vordersten Gleis aus, bis das hinterste Gleis gefüllt ist. Gibt es keine Einschränkungen aufgrund der Gleislängen und haben alle Züge normale Länge, ergibt sich auch keine Ausnahme von diesem Schema. Später wird immer das vorderste freie Gleis wieder belegt.

Ein Schattenbahnhof mit mehr als acht Gleisen ist selten. Der Einsatz von Servoantrieben läßt vom elektrischen Gesichtspunkt her problemlos auch wesentlich mehr Abstellmöglichkeiten zu. Bei Doppelspulen ohne Endabschaltung legt der Schaltungsaufwand des Taktgebers dagegen acht Gleise als Obergrenze fest.

Egal, wie die Komponenten für die Einfahrt aussehen, kann von der Elektrik selbst nicht auf den späteren Abstellort einer Zuggarnitur geschlossen werden. Die Installation von Freimeldern mit sehr geringem Stromverbrauch läßt auch keine elektronisch aktive Rückmeldung eines abgestellten Zuges zu. Soll also eine bestimmte Garnitur ausgefahren werden, muß man in erster Linie eine glückliche Hand haben! Nur eine aktive Zugkennung bereits beim Einfahren hilft, den Überblick zu bewahren, und ermöglicht es später, wieder das gleiche Abstellgleis anzuwählen. Wir haben dann eine vom Zug ausgelöste Fahrstraßensteuerung. Der Aufwand für eine solche Lösung ist hoch. Man sollte daher gleich über eine Computersteuerung nachdenken! Gleisbesetztmelder sind schließlich bereits vorhanden. Wir brauchen nur die richtigen Verbindungsglieder zwischen Computer und Analoganlage. (Eine Möglichkeit bietet die Weichensteuerung jedes Digitalsystems. Etwas günstiger ist dagegen der Anschluß von Switch-Com-Decodern der Firma MODELLPLAN direkt am Druckerport eines IBM-kompatiblen DOS-PCs).

Gehen wir beim Ausfahren zunächst davon aus, daß ein besetzt zeigendes Gleis einen beliebigen Zug ans Tageslicht schicken wird, wenn der benötigte Fahrweg eingestellt und die Ausfahrt ausgelöst wird. Vielen Modelleisenbahnern genügt diese einfache Lösung; denn zunächst ist es nur Ziel, etwas Abwechslung in den Betrieb der sichtbaren Züge zu bringen.

Ist ein Betrieb laut Fahrplan erwünscht, dann wird zwingend der Computer benötigt, der bereits die Einfahrt überwacht, das Abstellgleis speichert und schließlich die Ausfahrt abhängig vom eingegebenen Fahrplan vorbereitet.

Mit reiner Hardware sind da die Möglichkeiten stark eingeschränkt. Am einfachsten haben es die Fahrer im symmetrischen Mittelleitersystem. Der stromlose Stoppbereich wird durch einen Tastendruck an Fahrspannung gelegt. Die Ausfahrweiche wird ganz einfach aufgeschnitten! Kleinloks wie Köf und V20 sind keine Streckenloks und gehören nicht in den Schattenbahnhof, sondern ins Betriebswerk. Da also mindestens mit einem C-Kuppler – mit drei oder mehr Achsen – als Lok zu rechnen ist, können Weichen ohne Polarisation mit kurzem

Kunststoffherzstück und ebenfalls kurzen, isoliert eingebauten Zwischenschienen Verwendung finden.
Der elektrische Weichenantrieb kann unter diesen Umständen völlig entfallen! Die Weichenzungen müssen sich aber frei bewegen lassen. Bei eingebautem Handstellhebel ist meist eine federnde Komponente vorhanden. Man kann somit alle Weichen auf gerade Fahrtrichtung über das Durchfahrgleis einstellen. Diese Maßnahme läßt die Option offen, das Durchfahrgleis auch in der Gegenrichtung befahren zu können. Das Aufschneiden der Weichen ist beim Einsatz längerer Lokomotiven mit entsprechend ausreichender Stromabnahme auch im Zweischienensystem möglich. Hierzu müssen die Weichenzungen voneinander isoliert sein und ständig dieselbe Spannung wie ihre Backenschienen führen. Diese Voraussetzung wird bei den kleinen Spurweiten Z und N nicht immer erfüllt, da die beiden Zungen u. U. aus einem einzigen Stück bestehen. In diesem Fall bedeutet das erhöhten elektronischen Aufwand. Ansonsten reicht ein einfacher Tastendruck, der das gewünschte Stoppgleis mit Fahrspannung versorgt, bis der Zug die Anlagenoberfläche erreicht.
Sind wir gezwungen, hier erhöhten Aufwand zu betreiben, muß mit dem ersten Handgriff das gewünschte Abstellgleis angewählt werden können. Da wir auf die alten, sich gegeneinander entriegelnden Tastensätze nicht mehr zurückgreifen können, bleibt nur der schon früher erwähnte Drehschalter. Allerdings reicht die Ausführung mit einer einzigen Schalterebene nicht aus. Wir müssen die Weichenspulen per Diodenmatrix aktivieren und gleichzeitig die Fahrspannung an das richtige Stoppgleis führen. Die maximale Schalterbelegung ist 2 x 12. Die Weichenantriebe lassen sich durch einen Tastendruck auslösen.

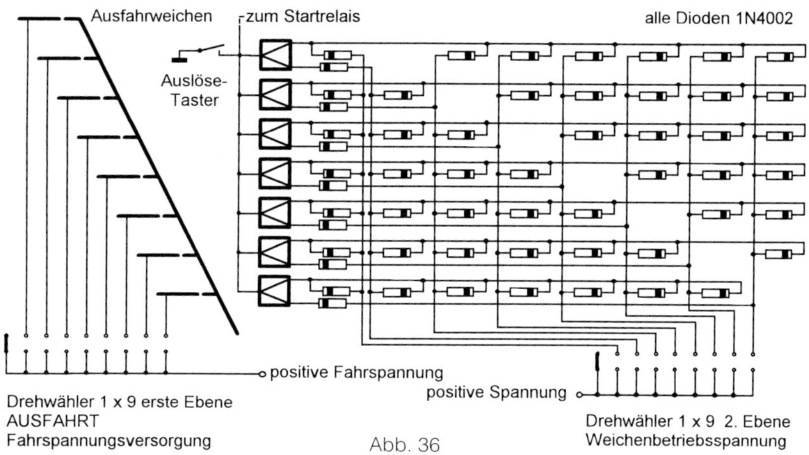

Abb. 36

Schaltet der Auslöse-Taster nach Masse, dann muß der Drehschalter +U an die Spulenenden über die Verteilerdioden (Achtung: Strom – also 1N 4001/2/3...) bereitstellen. Die Mittelanzapfung wird somit kurzfristig auf Masse geschaltet. Schaltet der Taster nach Plus, muß an den Spulenenden Minus liegen.

Voraussetzung für eine einwandfreie Funktion bieten bei größerer Anzahl von Weichen nur unsere selbstgebauten Servoantriebe. Servos mit Vor- und Rücklauf, also mit umgepolter Spannung, können bedingt ausgelöst werden, wenn die Höhe der dann benötigten Wechselspannung bei Halbwellenbetrieb paßt. Außerdem muß der abzulenkende Servo z. B. mit Plusspannung laufen, während alle anderen Antriebe mit Minusspannung gleichzeitig in Durchfahrrichtung laufen. Das bedeutet, der Taster schaltet an der Servomitte Wechselspannung. Ein Servoanschluß liegt mit der Minusdiode, der andere Anschluß per Plusdiode an Masse.

Doppelspulenantriebe mit Endabschaltung können genauso und ausnahmsweise auch bei größerer Anzahl mit einem Taster gestellt werden. Da jede Ausfahrt eines Zuges einen erneuten Stellvorgang erzwingt, kann man davon ausgehen, daß höchstens eine Weiche in ablenkende Position und die zuletzt gestellte Weiche wieder in Durchfahrrichtung zu stellen ist. Ein Problem kann bei der ersten Inbetriebnahme auftreten, wenn zu viele Weichen auf ihr Stoppgleis gerichtet sind. Richtig wäre es, vor der ersten Inbetriebnahme alle Weichen manuell auf Durchfahrrichtung einzustellen.

Die Schaltung nach Abb. 36 entspricht der Bedienung beim großen Vorbild. Allerdings gibt es im Modell wieder das Problem der Fahrspannung! Die erste Ebene wählt ja das Ausfahrgleis an und schaltet dort später die Fahrspannung an. Das gibt es beim Vorbild nicht. Außerdem muß das Anfahren so lange verzögert werden, bis alle Weichen richtig gestellt sind. Unser Auslöse-Taster muß daher zusätzlich ein Startrelais – laut Beispiel mit Massepegel – einschalten. Ein Relaiskontakt kann dann den Streckenregler für das Ausfahrgleis hochzählen lassen, wenn AUF Verbindung mit Masse bekommt. Dieser Vorgang erfolgt langsam und stellt so automatisch die gewünschte Verzögerung her. Der Streckenregler muß generell durch die Einstellwiderstände auf einen sehr niedrigen Minimalspannungswert eingestellt sein, bei dem noch keine Lok anfährt!

Der Hochzählimpuls stellt den Zähler im Streckenregler nach 63 Impulsen auf Maximum und so die Fahrspannung ebenfalls auf Maximum. Dieser Wert kann durch Rmax begrenzt werden, um die Geschwindigkeit der Züge dem Streckenverlauf anzupassen.

Erreicht der Zug den nächsten Streckenabschnitt, muß entweder der nächste Streckenregler auf die gleiche Spannung voreingestellt werden. Das geht problemlos, da der Regler für die Ausfahrt immer auf sein Maximum läuft. Oder das Bremsen und der Halt vor dem nächsten Signal wird beispielsweise durch den jetzt aktiven GBM eingeleitet. Der Masseausgang des GBM läßt durch den Eingang AB den Zähler wieder gegen NULL laufen. Zusätzlich wird das Startrelais für die Ausfahrfunktion abgeworfen. Auch dieser Massepegel am Ruhekontakt des Relais' geht auf den Eingang AB. So wird 100%ig sichergestellt, daß zum erneuten START der Streckenregler AUSFAHRT auf NULL steht.

26. Follow me

Bestimmt haben sich schon einige Leser die Frage gestellt, warum der Streckenregler mit einem Zähler über einen digitalen Umweg die Fahrspannung erstellt. Grund Nummer 1 ist die Übergabefahrt von einem Bahnhof zum nächsten: Ein Poti kann schlecht von zwei Betriebsleitern gleichzeitig bedient werden. Ein weiterer Grund ist, daß der Streckenregler normalerweise nur an einem Ort, also stationär installiert werden kann. Der die Fahrspannung bestimmende Zähler hat Speicherfunktion. Auch ohne Eingabekomponenten bleibt der Wert erhalten, zumindest solange die Betriebsspannung anliegt. So kann jeder Betriebsleiter seine eigenen Eingabetasten erhalten, und der Streckenregler kann an beliebiger Stelle installiert werden.
Werden die Taster nicht gedrückt oder sind sie elektrisch unwirksam, dann können die Steuerleitungen von jeder beliebigen weiteren Komponente mit Massepegel belegt werden. Wir können ohne Änderung als zweite Möglichkeit eine automatische Fahrspannungssteuerung installieren und haben weiterhin als dritte Alternative noch die Eingabe über Computer.
Damit kommen wir zu der Frage, wieviele

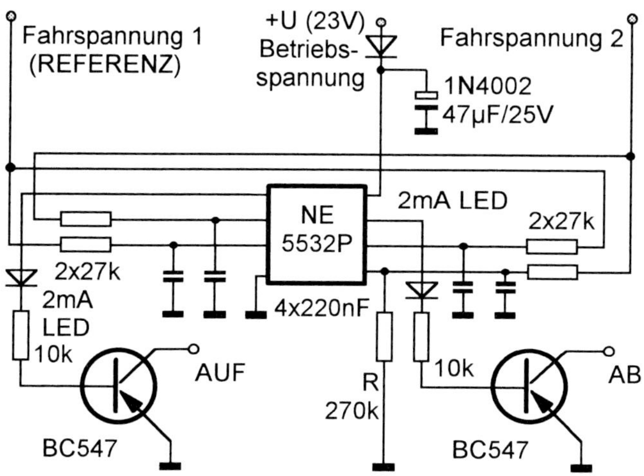

Abb. 37a Follow me

Fahrstufen eigentlich gebraucht werden. Speziell beim Digitaldecoder werden hier die unterschiedlichsten Meinungen vertreten: Der eine Modelleisenbahner schwört auf 128 Fahrstufen, während ein anderer sich mit 15 Fahrwerten zufrieden gibt. Achtung – lesen Sie nicht so locker über die Begriffe hinweg! Fahrstufe und Fahrwert müssen nicht die gleiche Bedeutung haben.

Legen wir die Höhe der maximalen Fahrspannung beim analogen Fahren auf 14 V fest. Theoretisch sind bei 14 Fahrwerten 1-Volt-Sprünge viel zu grob, um gefühlvoll und ruckfrei Beschleunigen und Abbremsen zu können. In der Praxis wird das zwar durch den Minimalwert und die Anfahrschwelle etwas ausgeglichen. Subtrahieren wir z. B. 4 V als Anfahrspannung von den 14 V, dann bleiben uns 10 V für den Fahrbereich. Verteilen wir die 14 Fahrwerte auf die 10 V, dann sind die Spannungssprünge von Wert zu Wert mit ca. 0,7 V bereits geringer als vorher.

Aber auch diese Abstufung ist noch zu grob. Bei einer Verdoppelung auf 28 oder 32 Fahrwerte sind Spannungssprünge mit ca. 0,3 V schon akzeptabler und mit 0,15 V bei 64 Fahrwerten als gut zu bezeichnen. Wer also mit 128 Fahrstufen argumentiert, greift keinesfalls daneben.

Der Streckenregler kennt 64 Zählerstufen. Die Spannungssprünge am Ausgang sind aber nicht konstant. Im unteren Spannungsbereich ist die Abstufung zunächst viel kleiner. Sie würde bei linearem Verhalten auf mehr als 500 Fahrstufen schließen lassen. Das kommt unserem Wunsch, besonders bei Langsamfahrt feinfühlig steuern zu können, sehr entgegen. Mit den Einstellwiderständen von 1,5 kOhm und 12 kOhm erhalten wir in etwa 32 Spannungsstufen zwischen den Spannungswerten 4 V und 6 V. Im oberen Bereich wird die Abstufung von Volt zu Volt immer geringer. Für Raser ist das ein Nachteil. Ein Modelleisenbahner wird diesen Spannungsbereich jedoch kaum nutzen. Schließlich wird bei der Computersteuerung mit dem Steuerungseingang BEREICH eine andere Abstufung möglich. Es werden dann 128 Fahrstufen erreicht.

Zurück zur Praxis: Eine Art der automatischen Fahrspannungssteuerung kann aus der ganz einfachen Vorgabe von nur vier Fahrwerten bestehen. Neben STOPP (0 V), Langsamfahrt (5 V), mittlere Fahrt (8 V) und schnelle Fahrt (12 V) gibt es keine weiteren Werte. Das ist bereits ein gewaltiger Fortschritt gegenüber der antiken Signal- und Trafosteuerung, wo nur das STOPP am Signal und die bei Hp1 folgende mittlere Fahrt mit ca. 8 V üblich ist. Nutzen wir jetzt den Vergleicher für die Fahrspannung, dann lassen sich die vier groben Fahrwerte per Drehschalter oder Relaiskontakt mit der Fahrspannung des Streckenreglers in Relation setzen. Ergebnis dieses Vergleichs sind die Schaltpegel AUF, kein Pegel oder AB. AUF wird immer entstehen, wenn die Spannung des Streckenreglers unter der Referenzspannung liegt. Gehen die Steuerausgänge an den Streckenregler, wird die Fahrspannung automatisch versuchen, die Höhe der Referenzspannung zu erreichen. Ist diese gleich hoch, verschwindet der Massepegel AUF. Bei einer einzigen Fahrwertänderung werden viele Spannungsstufen durchlaufen.

Liegt der Vorgabewert unter der Fahrspannung, wird durch AB heruntergezählt, bis wieder beide Spannungen gleich hoch sind. Wir erreichen den Vergleich „kleiner als“ durch die linke Seite des doppelten OP-AMPs NE 5532 und „größer als“ durch die rechte Seite. Da die OP-AMPs sofort von „größer als“ auf „kleiner als“ und umgekehrt schalten, gibt es den Bereich „kein Pegel“ eigentlich nicht. In diesem Fall würde unsere Regelung schwingen und ständig zwischen AUF und AB hin- und herschalten. Gleichmäßigkeit erhalten wir durch den Widerstand R, der aber eine Spannungsmessung verfälscht, was wir leider in Kauf nehmen müssen.

Wählen wir R mit 270 kOhm, erhalten wir beim Bremsen eine Ungenauigkeit von ca. 0,5 V. Bei größerem R wird die Referenz exakter eingehalten. Es steigt dafür die Schwingungsneigung.

Wenn mehrere Streckenteile ohne Halt durchfahren werden sollen, ist wichtig, daß sich beim Angleichen des Streckenreglers im Folgeblock die Spannung beim Hochfahren genau dem vorangehenden Streckenregler anpaßt.

Eine andere Anwendung ist die Steuerung durch einen digitalen Decoder für das Motorola-Weichenformat. Die vier Einzelbits können mit LM 317 und vier Widerständen eine digitale Spannungsreferenz erzeugen. Die Schaltung „Follow me“ nutzt aber die feine Abstufung mit 63 Spannungsschritten voll aus. Es reichen daher auch drei digitale Werte, dann kann mit dem vierten Bit die Richtung geschaltet werden!

Beim Aufbau der Schaltung wird keine spezielle Platine angefertigt. Wer die Schaltung aufbauen will, dem reicht eine Experimen-

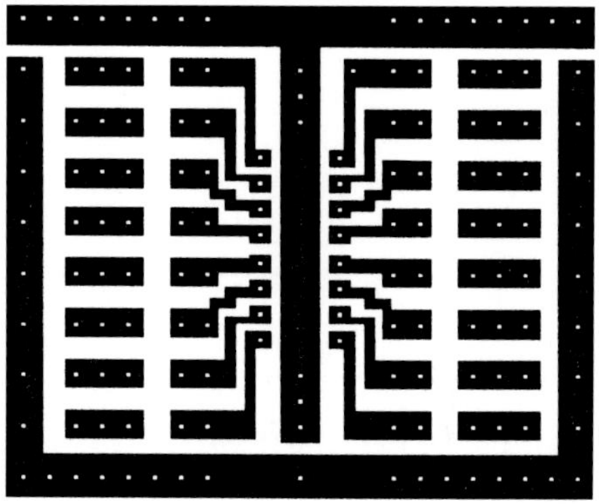

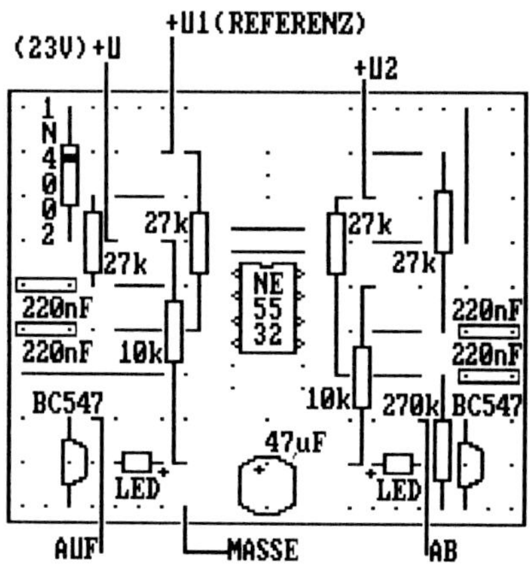

Abb. 37b Experimentierplatte und Bestükkung mit Spannungsvergleicher

STÜCKLISTE :

1 Diode	1N 4002
1 Elko	47 µF/25 V
1 Experimentierplatine	
4 Kondensatoren	220 nF
1 IC-Sockel	8-polig
2 low current LEDs	rot/grün
1 OP-AMP	NE 5532
2 Widerstände	10 kOhm/0,25 W
4 Widerstände	27 kOhm/0,25 W
1 Widerstand	270 kOhm/0,25 W

tierplatine mit IC-Sockelposition. Diese eignet sich auch für Freimelder, Verzögerungsstufen, Schrittzähler und Treiber.

Die Zusatzschaltung „Follow me" betrifft zwangsläufig die Eckdaten für unseren Streckenregler. Als Voraussetzungen gelten: reine Plusspannung zur Spannungsversorgung, Polwechsel nicht auf der Platine des Streckenreglers; und auch der Gleisbesetztmelder entfällt. Die angeschlossene Elektronik könnte ohne Lok den internen GBM auslösen. Die neue Bestückung zeigt die Änderungen. Weiter läßt sich die Stromabgabe für einen Betrieb mit Mehrfachtraktion etwas erhöhen. Der Leistungswiderstand hat jetzt 2,2 Ohm und die Zenerdiode nur noch 1,5 V.

Mit dem Spannungsnachlauf handeln wir uns bei einem Kurzschluß noch ein Problem ein: Ist U2 zusammengebrochen, versucht der Vergleicher durch AUF nachzuregeln. Die Drahtbrücke * legt AB auf KURZSCHLUSS und hält so den U2-Zähler unten.

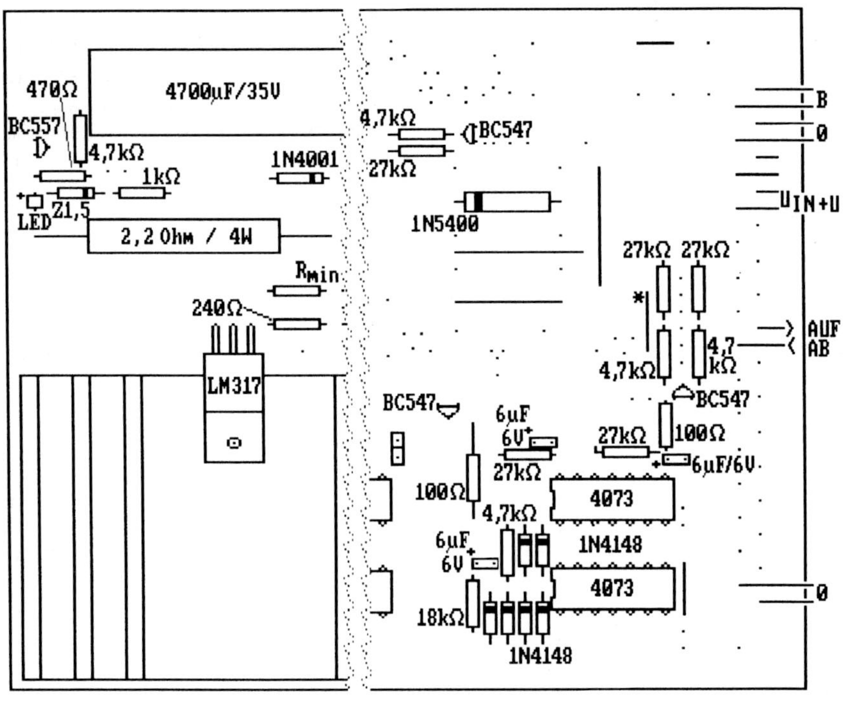

Abb. 38 Streckenregler als Auf-/Ab-Plusregler

27. Digitales Universalrelais

Digitale Technik und analoge Modelleisenbahn? Manchem mag das zunächst als unvereinbarer Gegensatz erscheinen. Aber der Schein trügt. Es ist auf diesem Gebiet leider vieles ins falsche Licht gerückt worden, und eigentlich sollte man mit einem großen Besen mal richtig Großreinemachen.

Auch beim Vorbild hat Kontrolle und Steuerung des Fahrwegs mit seinen Weichen und Signaleinrichtungen überhaupt nichts mit dem Fahren und den Fahrzeugen an sich zu tun. Beide Aspekte sind total getrennt voneinander zu betrachten. Allerdings muß bei der Modellbahn der Fahrweg auch das Fahrzeug mit Fahrenergie versorgen und für den analog gesteuerten Teil der Energiezufuhr zusätzlich noch das An-, Ab- und Umschalten leisten.

Was liegt also bei der Konstruktion einer digitalen Loksteuerung nahe? – Der Hersteller verknüpft aus Kostengründen die Datenübermittlung für Loks und Magnetartikel, obwohl diese nichts miteinander zu tun haben! Viele Modelleisenbahner haben dies erkannt und wendeten sich z. B. der digitalen Loksteuerung zu (siehe „Die Modellbahn 4"), um die Vorteile der Digitalsteuerung ihren Vorstellungen entsprechend zu nutzen. Wie wir ja gesehen haben, ist bei der entsprechenden Fahrweise mit Walk-Around-Handregler ohne Signalkontakte (Relaishilfskontakte) ein Fahrbetrieb wie beim Vorbild möglich. Das Stellen der Weichen erfolgt hier jedoch weiter wie bisher von Hand bzw. per Taster oder Schalter und Schaltdraht zum elektrischen Weichenantrieb. Signale sind zwar aufzustellen, es kann aber jegliche Zugbeeinflussung durch Schaltkontakte im Fahrweg entfallen.

Das gilt natürlich nur für eine Modellbahnanlage, bei der, wie eben beim Vorbild auch, für jede Lok ein Lokführer zur Verfügung steht. Gibt es aber nur einen Betreiber und die meist nur geduldeten Zuschauer, dann rücken wir ganz schnell vom Vorbild ab und ersetzen das fehlende Personal durch Elektrik und Elektronik.

Das Thema „Fahrstraßen" dieses Buches, mit Ausführungen über den Streckenregler und die übergreifende Technik mit Signalrelaiskontakten, vermittelt bestens zwischen diesen beiden Betriebsweisen. Einerseits kann der Lokführer mit seinem Zug mitlaufen, wenn er den Streckenregler über seinen steckbaren Geber steuert. Andererseits kann der Streckenregler, vollautomatisch durch eine entsprechende Elektronik (Freimelder, GBM und Verzögerungsstufen) gesteuert, den Fahrbetrieb auch alleine abwickeln.

Mit weiteren raffinierten Zusätzen, wie einem Zufallsgenerator oder auf äußere Einflüsse ansprechende Detektoren z. B. einem PIR-Melder, der auf eine sich dem Anlagenrand nähernde Person anspricht, kann sogar ein sich stetig ändernder Ablauf ausgelöst werden. Für Vorführ- und Ausstellungsanlagen kann dies ein Weg sein, um einen ständig laufenden Fahrbetrieb zu erreichen, der dem Betrachter

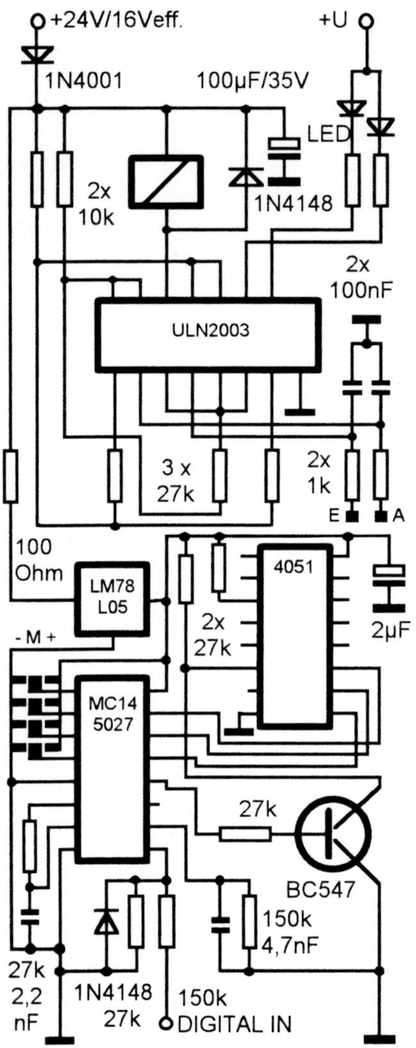

Abb. 39 Motorola digital

auch Abwechslung bietet und keine Langeweile aufkommen läßt.

Noch mehr Möglichkeiten tun sich auf, wenn der Computer die Sensoren abfragen kann und das Programm mehrere Bedingungen miteinander verknüpft. Wie aber erhalten wir die Verbindung zum Computer? Es müssen Daten eingelesen werden und auf der anderen Seite Steuerungsbefehle gesendet werden.

Hierbei wäre es eigentlich völlig egal, welche Verschlüsselungsart bzw. welches Digitalsystem zur Anwendung kommt. Die Eigenprogrammierung eines Computers ist ein Thema für sich, auf das an dieser Stelle nicht weiter eingegangen werden kann. Vielmehr sollen im folgenden zunächst die Möglichkeiten in Betracht gezogen werden, bei denen uns ein fertiges Gleisbildprogramm die Steuerung über ein bestehendes Digitalsystem zum selbstgebauten Decoder erlaubt.

Hier ist in erster Linie das MÄRKLIN-MOTOROLA-Digitalsystem mit der CENTRAL UNIT und dem INTERFACE zu nennen. Es werden nur diese beiden Geräte plus Trafo zusätzlich zum Computer benötigt, um ein ganzes Gleisbildstellwerk über die K83 Magnetartikeldecoder zu installieren. Zusätzliche S88-Rückmelder ermöglichen schließlich den automatischen Ablauf.

Alternativ kann die UHLENBROCK INTELLIBOX eingesetzt werden, die auch das NMRA-DCC-Digitalsystem unterstützt.

Wichtig für uns ist natürlich die Decoderseite. Im K83 übernimmt der MOTOROLA-Chip MC 145027 das Entschlüsseln der eingehenden digitalen Impulse. Bausätze für Decoder werden von mehreren Firmen angeboten. Den Chip bekommt man aber auch einzeln.

Im DCC-Format sind ebenfalls Bausätze für

Magnetartikeldecoder erhältlich. Eine Versandadresse für den DCC-Chip liegt hier allerdings nicht vor.
Wir benutzen den MC 145027, um die Digitalspannung im Motorolaformat zu decodieren, und schalten dann unser Signalrelais in gewohnter Weise. Da wir uns natürlich an die Programmvorgaben und die normale Codierung halten müssen, werden nur zwei Ausgänge des Decoders in unserer Relaisschaltung genutzt. Im K83-Bausatz für Magnetartikeldecoder sind 4 x 2, also acht Ausgänge für vier Weichen vorhanden.
Das digitale Universalrelais DUR ist für die in unserem Anlagenkonzept vorgesehene positive Versorgungsspannung bestückt. Die Digitalspannung wird separat als Datenleitung geführt, z.B. über Stift 20 am Scartverbinder zwischen den Anlagenmodulen. So wird die strommäßige Belastung durch das DUR vermieden.
Eingesetzt werden kann das DUR nicht nur als direktes Signalrelais, sondern viel sinnvoller als Fahrstraßen-Latch. Für viele ein völlig neuer Gesichtspunkt! Bisher war es üblich, eine Modellbahnanlage logistisch in kleinstmögliche Baugruppen zu zerlegen, die dann vom Computer sozusagen als digitale Mosaiksteinchen entsprechend den Anforderungen des Fahrweges wieder zusammengesetzt werden. Wie beim Gleisbild wird aktives Segment an aktives Segment gefügt. Das auf dem Bildschirm sichtbare Bild entspricht dann dem aktuellen Stand der Modellbahnanlage.
Warum muß der Computer unbedingt jedes Bauteil durch entsprechenden direkten Zugriff bzw. digitale Adressierung selber ansteuern können? Wenn wir die Anlage in der bisher gezeigten Weise für eine leicht handhabbare analoge Steuerung mit Relaisschaltungen und Servos ausgerüstet haben, dann ist der Zugriff des Computers auf die Fahrstraßenkomponente ausreichend. Die übergeordnete Funktion „Fahrstraße" stellt alle benötigten Komponenten automatisch. Das reduziert die bisher übliche Anzahl der digitalen Zwischenkomponenten erheblich. So kann beispielsweise auf den vierfachen Weichendecoder K83 völlig verzichtet werden.
Allerdings sollte man wieder auf das vorhandene Material Rücksicht nehmen. Bei Verwendung von Doppelspulantrieben ohne Endabschaltung muß man sich beispielsweise überlegen, ob es nicht vorteilhafter ist, den Zugriff auf die Weiche direkt vom Computer über den K83 takten zu lassen, als die Impulsgeberschaltung selber zu bauen. Es lassen sich ja weiterhin Taster für eine Auslösung von Hand zum Digitaldecoder parallelschalten. Eine tatsächliche Einzelsteuerung von Hand bleibt somit immer erhalten. Bei Bedarf kann aber jederzeit die alles vereinfachende Fahrstraßensteuerung den Fahrbetrieb übernehmen.
Es wird deutlich, daß das Wissen über die einzelnen Möglichkeiten zur elektronischen Ansteuerung der mechanischen Modellbahnkomponenten ebenso wichtig ist wie das Wissen über die Unterschiede bei den Komponenten selbst. Nur wer alle Faktoren richtig einschätzen kann, wird schließlich den Ablauf auf seiner Modellbahnanlage so gestalten, wie es seiner Vorstellung entspricht.
Leider würde das Thema „Digitalsteuerung" den Rahmen dieses Buches sprengen. Es dürfte jedoch nicht so schwer sein, mit dem DUR eigene Lösungswege auszuprobieren und an der eigenen Anlage zu verwirklichen. Relais lassen sich ja schon

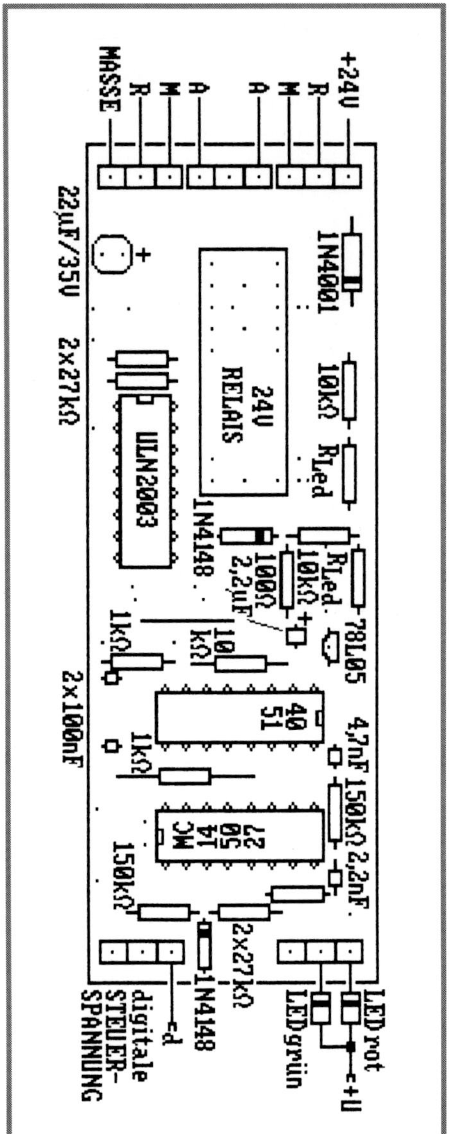

Abb. 40 Bestückung als Digitalrelais

immer sinnvoll an einer Modellbahnanlage einsetzen. Der Aufbau der Schaltung dürfte nicht allzu schwer sein. Wie bei den Verzögerungsstufen der ASE ist der Platz im Bereich der IC-Sockel begrenzt. Eine Besonderheit sind die Lötflächen für die Adressierung. Diese müssen entsprechend der Codetabelle verlötet werden, um einen Datenempfang überhaupt zu ermöglichen. Zusätzlich muß dann der richtige Ein- und Ausschaltimpuls dem Relaisspeicher zugeordnet werden – am Keybord über die Nummer der Weiche.

Stromversorgung, Relais und Speicher werden wie gewohnt installiert. Die geglättete Versorgungsspannung (+23 V) wird mit 100 Ohm ausgekoppelt und durch einen kleinen Festspannungsregler auf +5 V heruntergeregelt. Da nur wenige Milliampere fließen, ist kein Spannungsregler mit Kühlfahne notwendig.

Die digitale Fahr- oder Steuerspannung ist eine rechteckige Wechselspannung von ca. +/-23 V Spannungshöhe. Davon wird nur der positive Anteil genutzt. Der Spannungsteiler 150 kOhm/27 kOhm setzt die Steuerimpulse auf 3 V herab (PIN9).

Auf der Lötseite sind am MC-145027-PIN1 bis -PIN4 nach der Märklin Code-Tabelle Lötverbindungen nach Plus oder Minus für die Adressierung zu setzen.

Wenn man die URP von der Kupferseite aus betrachtet mit dem Relais linksliegend, dann ist die Lötposition des MC-145027-PIN1 ganz rechts oben (Layout Abb.10a). PIN2, 3 und 4 befinden sich darunter. Die Kupferfläche links davon hat +5 V, während die Fläche rechts Massepotential führt. Vergleicht man die Schalterstellungen des K83 mit der Platine, dann ergibt sich folgende Relation:

PIN1 mit Masse verbunden entspricht der

Schalterstellung 1 ON. Hat PIN1 dagegen mit +5 V Kontakt, ergibt das den eingeschalteten Schalter 2. Beim trinären Adresswert hat der PIN keinen logischen Pegel. Er ist „offen", also ohne Verbindung zu Plus oder Minus. Nicht möglich ist dagegen der gleichzeitige Kontakt zu beiden Lötflächen. Das würde Kurzschluß und den Zusammenbruch der positiven CMOS-Betriebsspannung bedeuten.

Für die anderen Pins gilt dasselbe Schema. PIN2/Minus entspricht dem Schalter 3/ON und PIN2/Plus dem Schalter 4/ON, PIN3/Minus dem Schalter 5/On, PIN3/Plus dem Schalter 6/On, PIN4/Minus dem Schalter 7/On und PIN4/Plus dem Schalter 8/On.

Damit erhält die erste Codierung die Schalterstellungen 2, 3, 5 und 7 ON, was bei den Magnetartikeln dem linken oberen Viertel auf dem ersten Keyboard entspricht. Bei den Loks wäre das die Adresse 1 (siehe DIE MODELLBAHN 4, Seite 110).

Die zweite Gruppe wird mit 3, 5 und 7 ON adressiert, die dritte Gruppe mit 1, 4, 5 und 7 ON usw., wobei sich hinter jeder Gruppe am K83 vier Doppelspulanschlüsse verbergen. Bei unserem digitalen Universalrelais werden jedoch nur zwei Leitungen genutzt. Die vier Ausgänge des MC 145027 gehen auf den ersten von den acht Decoder-4051-Ausgängen. Zwei Ausgänge müssen schließlich mit den Anschlüssen des aus den Transistoren des ULN 2003 gebildeten Speicher-Flipflops selektiv verbunden werden.

Alle geraden Ausgänge am 4051 korrespondieren mit den roten Tasten auf dem Keyboard und sollten daher das Speicherrelais ausschalten, während die verbleibenden ungeraden Werte entsprechend den grünen Tasten dann das Einschalten übernehmen. Es ist logisch, daß die benachbarten Werte 0/1, 2/3, 4/5 und 6/7 zusammengehören. Der 4051-PIN14 (Wert1) wird durch eine Lötbrücke mit dem Eingang EIN des Speicherrelais verbunden. Achtung: Der Chip ist zum MC 145027 um 180° verdreht!

Zum Ausschalten muß der Eingang AUS zwangsläufig mit dem Wert 0 am PIN13 verbunden sein. Das zweite Relais derselben Digitaladresse wird mit dem Wert 3 über den 4051-PIN12 gesetzt und mit dem Wert 2 am PIN15 gelöscht. Für das dritte Relais gilt EIN über PIN5 und AUS über PIN1. Das vierte Relais wird schließlich über den PIN4 eingeschaltet und PIN2 ausgeschaltet.

Bringen wir gleich vier Relais auf einer ge-

STÜCKLISTE :

1 Platine	URP
1 CMOS	4051
1 Drahtbrücke	
1 Decoder	MC 145027
1 Diode	1N 4001
2 Dioden	1N 4148
1 Elko	22 µF/25 V
1 Elko	2,2 µF/6 V
1 Festspannungsregler	78L05
3 IC-Sockel	16-polig
1 Kondensator	2,2 nF/63 V
1 Kondensator	4,7 nF/63 V
2 Kondensatoren	100 nF/63 V
1 Relais	24 V/2 x UM-5 A
5 Schraubklemmen	3-polig
1 Transistorarray	ULN 2003
1 Widerstand	100 Ohm/0,25 W
2 Widerstände	1 kOhm/0,25 W
3 Widerstände	10 kOhm/0,25 W
4 Widerstände	27 kOhm/0,25 W
2 Widerstände	150 kOhm/0,25 W
LED-Widerstände nach Bedarf	

meinsamen Printplatte unter, kann die etwas komplizierte, weil ungewohnte Selektierung entfallen. Dann haben wir einen K84-Ersatz. Er unterscheidet sich einmal durch die Kontaktanzahl und durch die bei unseren Relais höheren Schaltströme. Der K84 arbeitet dagegen auch ohne Versorgungsspannung bistabil: Die dort verwendeten Relais behalten ihre Position auch ohne Strom, während unsere Schaltung in Ruhestellung geht. Wie bei jeder anderen Anwendung auch kann dieser Umstand alternativ genutzt werden: Wenn das DUR hauptsächlich als Fahrstraßenrelais verwendet wird, ist ein Rücksetzen nach dem Abschalten oder einem Stromausfall sogar erwünscht! Auch bei einer Anwendung als Signalrelais spielt der Speicherverlust bei Stromausfall keine Rolle. Auch hier ist es hinsichtlich der Sicherheit von Vorteil, wenn alle Signale automatisch auf ROT stehen und der Fahrweg neu aufgebaut werden muß.
Natürlich kann eine 19"-Steckkarte für eine Rackmontage und eine Zentralelektronik als unbedingte Voraussetzung angesehen werden. Nur haben wir hier das Problem, daß der 31-polige Steckverbinder nur für die Stromversorgung, den Digitaleingang und die 24 Anschlüsse der Umschaltkontakte ausreicht. Die Signal-LEDs kann man nur über einen mit Flachbandkabel erreichbaren zusätzlichen Steckverbinder anschließen.
Außerdem ist der direkte Anschluß am PC zum Stellen von Fahrstraßenkomponenten wesentlich preisgünstiger als das MOTOROLA-DIGITAL-System. Es bleibt daher abzuwarten, wie sich der spätere Bedarf an Komponenten bzw. fertigen elektronischen Baugruppen entwickelt.

Foto 8 Die obere Platine ist als digitales Universalrelais voll bestückt. Als Speicherrelais hat die Platine nur wenige Bauteile.

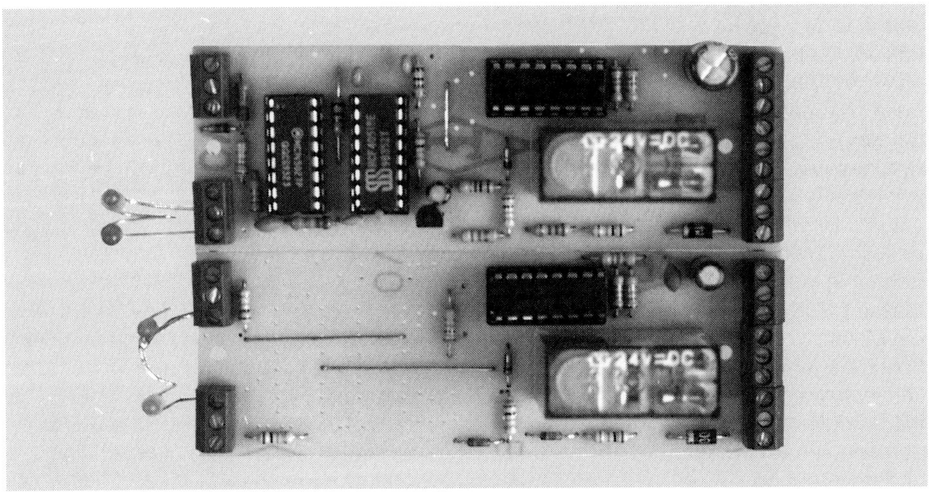

28. Der Plusminusregler

Es mag bei den vorangegangenen Kapiteln durchaus noch weitere Aspekte geben, auf die aber aus Zeit- und Platzgründen nicht eingegangen werden kann. Im folgenden greifen wir nochmals das Thema „Fahrregler" auf. Auch auf die durch die Anlage laufende elektrische Masse wird nochmals eingegangen.

Mit dem bisherigen Plusregler haben wir ja nur eine Pseudomasse. Der Regler generiert ausschließlich positive Spannung. In die Zuleitungen zu den Gleissegmenten kann man daher vereinfachte Besetztmelder einfügen. Nur wenn Gegenverkehr gewünscht wird, muß zwischen GBM und Gleissegment noch zusätzlich jeweils ein Polwenderelais eingebaut werden. Das setzt beidseitig getrennte Schienen am jeweiligen Segmentende voraus.

Ganz anders gestaltet sich der Gleisanschluß, wenn der Polaritätswechsel für die analoge Fahrtrichtung im Fahrregler elektronisch erzeugt wird. Jetzt kann man eine Schiene ohne Trennung als Masseschiene durch die Anlage laufen lassen.

Auch bei Trafobetrieb ist die Masseschiene aktuell. Unabhängig von der Polarität auf der Primärseite ist die eine Fahrspannung abhängig vom Trafoknopf bezogen auf die Masse PLUS nur rechts oder bezogen auf die Masse MINUS nur links.

Sollen dagegen mehrere H-Brücken (Brükkenverstärker aus vier Transistoren) primär mit der gleichen Spannung versorgt werden, also an den Eingangspunkten miteinander verbunden sein, dann gibt es bei einer dritten Verbindungsleitung wie der sekundärseitigen Masseschiene sofort einen Kurzschluß.

Existieren aber zwei Versorgungsspannungen – einmal PLUS und einmal MINUS –, läßt sich die gemeinsame Masse beider Spannungen direkt mit der Masseschiene verbinden!

Mit einem entsprechend starken elektronischen Überblendregler lassen sich sowohl positive als auch negative Spannungen unterschiedlicher Höhe erzeugen. Bei einer langsamen Änderung von Plus nach Minus bzw. umgekehrt erhalten wir mit analogen Fahrzeugen erhalten wir den Fahrtrichtungswechsel. Ein schneller Wechsel zwischen Plus und Minus erzeugt dagegen eine digitale Wechselspannung. Je nach Einspeisung können dies unterschiedliche Digitalformate sein. Ein mittelschneller Wechsel zwischen Plus und Minus mit einer Einstellmöglichkeit der Spannungshöhe kann uns eine analoge Wechselspannung mit 50 Hz liefern. Wird nur eine Polarität getaktet, haben wir eine Impulsbreitensteuerung. Die Steuerungseingänge eines Plusminusreglers bestimmen die endgültige Form der Fahrspannung.

In den Leitungsverzweigungen zu den jetzt nur einseitig getrennten Gleissegmenten kann je nach Bedarf ein Gleisbesetztmelder für beide Polaritäten eingebaut werden. Eine zusätzliche Polwendung entfällt. Signalkontakte für die übergreifende Schaltung des Streckenreglers können wie bisher installiert werden. Damit hätten wir eine universell einsetzbare Elektronik, die alle notwendigen Spannungsarten erzeugen kann. Installiert man bei einem Dreischienengleis noch pro Stromschienensegment einen Umschaltkontakt zwischen Fahrspannung und Masse, erhält man einen Universalfahrregler und eine für jede Lok einsatzbereite Modellbahnanlage!

Die Schaltung des Plusminusreglers besteht aus einer Plus-Schaltstufe und einer Minus-Schaltstufe. Beide werden aus jeweils zwei Darlingtontransistoren gebildet, die wegen des geplanten universellen Einsatzes als Grundbaugruppe reichlich überdimensioniert sind.

Als Stromversorgung brauchen wir +U und –U. Die Ausgangsspannung kann dann zwischen den beiden Versorgungsspannungen liegen und jede analoge Spannungshöhe einnehmen. Diese Form eines Längsreglers wird abhängig vom Stromfluß sehr viel Wärme produzieren, die von den Darlingtons schnell abgeführt werden muß. Es sind also entsprechende Kühlprofile zu montieren. Werden z. B. Dauerströme um 3 A gefordert, kann sogar bei entsprechend hoher Betriebsspannung ein Kühlgebläse erforderlich werden.

Bei der zuerst erwähnten Anwendung als analoger Wechselspannungsregler ist mit einer mittleren Wärmeabfuhr zu rechnen. Unter der Bedingung, daß die Eingänge +U und –U miteinander verbunden werden und direkt am Wechselspannungsausgang eines geschützten Modellbahntrafos betrieben werden, können die weiteren Komponenten zur Strombegrenzung entfallen. Diese Schaltung ist besonders für die Modelleisenbahner interessant, die einen großen Trafo haben und schon lange nach

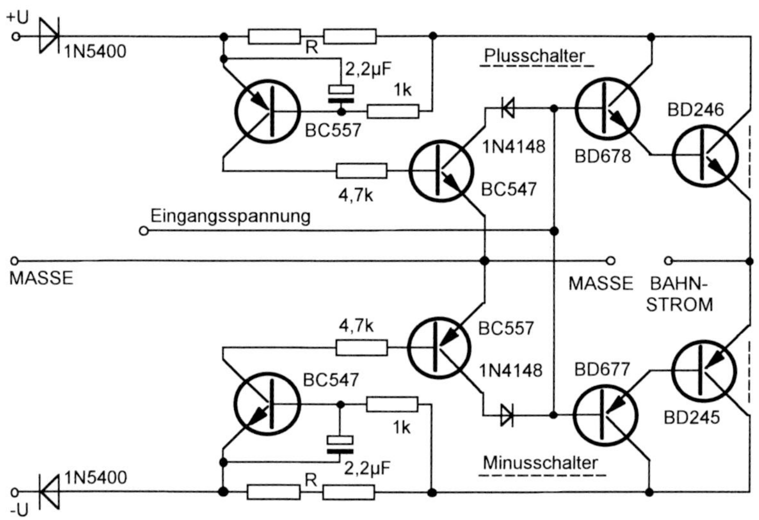

Abb. 41 Plusminusregler Endstufe

einer Schaltung suchen, mit der sich z.B. diverse Blockstrecken ohne Fahrtrichtungsumschaltung mit Energie versorgen lassen. Es müssen allerdings die Komponenten zur Strombegrenzung installiert werden! Anzupassen ist dabei der Wert von R, der die maximal zulässige Stromhöhe bestimmt.

Ein Wechselspannungsregler bedeutet außerdem, daß Elkos in der Schaltung entfallen! Die Dioden 1N 5400 sind nur zur Aufsplittung der Spannung in PLUS und MINUS da, denn Wechselspannung dürfen wir nicht direkt auf die Transistoren geben. Das bedeutet: Jede Hälfte verarbeitet ihre Sinuswelle, und am Ausgang werden dann wieder beide Teilspannungen zu einer Wechselspannung zusammengeführt.

Sollten für alte Fahrzeuge der Spur NULL oder EINS größere Ströme benötigt werden, kann der Regler das durchaus verkraften. Die Dioden sind dafür auf 6A-Typen zu ändern. Weiter muß die Polyswitch-Sicherung oder Multifuse einen höheren Abschaltwert aufweisen. Die Kombination R aus Halbleitersicherung und dem normalen Widerstand soll einen Wert annehmen, der bei der gewünschten Stromstärke einen Spannungsabfall von 0,6 V erzeugt. Bei 3 A sind dies also 0,2 Ohm und bei 6 A 0,1 Ohm. 5-W-Hochlastwiderstände sind mit 0,082, 0,1, 0,12, 0,15, 0,18, 0,22 und 0,33 Ohm erhältlich.

Die Halbleiterelemente Polyswitch und Multifuse sind Thermowiderstände mit einem sehr geringen Kaltwiderstand. Wird der Abschaltstrom erreicht, steigt der innere Widerstand aufgrund der Wärmeentwicklung so stark an, daß der Strom auf den Haltewert – im Normalfall die Hälfte des Schaltwertes – begrenzt wird. In der Zeit, bis der Haltestrom erreicht wird, kann aber ein Endstufentransistor zerstört werden. Daher ist zusätzlich der normale Widerstand vorhanden. Dieser bringt überhaupt erst einen Spannungsabfall von ca. 0,6 V hervor, so daß die Transistoren BC 547 und BC 557 zum Abschalten der Endstufe angesteuert werden können. Der 2,2-µF-Elko soll ein Schwingen des Regelkreises verhindern.

Die Steuerspannung wird für einen Wechselspannungsregler ganz einfach mit einem Potentiometer erzeugt – wie beim Radio der Lautstärkeregler. Damit bei voller Spannung weder Potentiometer noch Endstufe durch einen zu großen Eingangsstrom beschädigt werden, schützt der Zusatzwiderstand von 1 kOhm die Komponenten.

Der Endbereich der Widerstandsschleifbahn am Poti weist immer sehr geringe Widerstandswerte auf. Der Trafo selbst kann

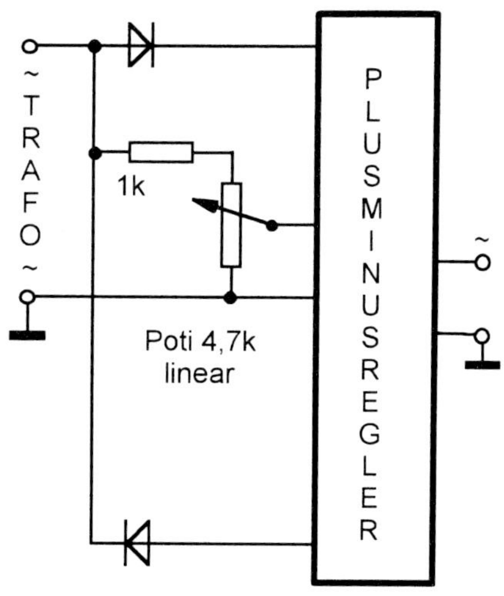

Abb. 41a Wechselspannungsregler

große Ströme liefern. Beim Auslösen der Stromschutzschaltung wird eine niederohmige Verbindung zwischen der Eingangsspannung und Masse hergestellt. Ohne Begrenzungswiderstand könnte ein zu großer Nebenstrom entstehen, der sowohl das Poti als auch die Abschalttransistoren zerstört.

Soll die Spannungshöhe per Potentiometer eingestellt werden, muß der Wechselspannungsregler immer mit dem Poti verbunden sein und nur von dort bedient werden können. Eine Fernsteuerung mit Tasten ist auch denkbar. Entsprechende Spannungsteiler am Eingang der Steuerspannung lassen sich über Transistoren aktivieren, die ihrerseits vom Fahrwertzähler angesteuert werden. Man muß aber beachten, daß die benötigten Masseschalter für beide Polaritäten getrennt aufgebaut werden.

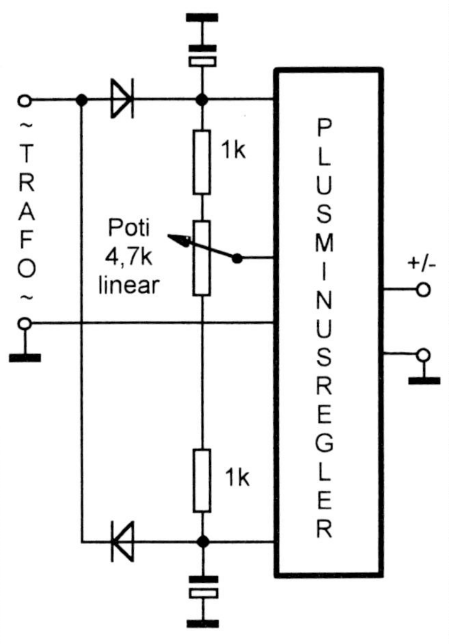

Abb. 41b +/– Überblendregler

Die beschriebene Schaltung gilt in ähnlicher Weise auch für Gleichspannung. Hier werden die schon vermißten Speicherelkos in den Plus- und Minuszweig eingefügt. Je nach Strombedarf sind die Werte bei 1,5 A ca. 2200 µF, bei 3 A ca. 4700 µF und bei 6 A 10000 µF. Das Einstellpoti wird von der Eingangswechselspannung weg an die Gleichspannungspunkte verlagert. So erhalten wir einen Überblendregler, mit dem über nur einen Stellknopf – wie bei den Gleichstromtrafos ohne Richtungsschalter von Plus über NULL (Mittelstellung bei linearem Poti) nach Minus – jede gewünschte Fahrgleichspannung eingestellt werden kann. Die Potentiometeranschlüsse sind so anzulöten, daß bei Rechtsdrehung Plusspannung am Ausgang des Fahrspannungsreglers erscheint.

Die Darlingtontransistoren der beiden Endstufen haben auch bei einer größeren Toleranz der Bauteile noch eine mehr als 10.000-fache Stromverstärkung. Der Querstrom durch die Potischleifbahn liegt je nach Versorgungsspannung in etwa bei 6 mA.

Die Wärmebelastung des Potis beträgt somit weniger als 0,25 W. Bei einer Entnahme von 0,6 mA aus dem Querstrom durch die angeschlossene Verstärkerstufe wird die abgegriffene Spannung nur geringfügig verstellt. Der Verstärkungsfaktor ist auch für die geforderten 6 A mehr als ausreichend!

Die notwendige Multifuse mit 6-A-Haltestrom ist mit einem 0,1-Ohm-Widerstand zu kombinieren. Bei 2,5 A oder 3 A sind 0,15 Ohm in Reihe zu schalten. Bei Strömen dieser Stärke wird generell ein Kühlgebläse erforderlich sein.

29. Ein Impulsfahrregler

Wir hätten den Impulsfahrregler schon beim Thema „Streckenregler" einführen können. Der LM 317 ist durchaus in der Lage, bei entsprechender Ansteuerung Spannungsimpulse zu liefern, die zwischen 0 V oder einer Mindestspannung und einer Maximalspannung oder der Betriebsspannung hin- und herschalten. Die Schaltfrequenz kann hierbei einen Wert von 1000 Hz erreichen. Probleme treten allerdings bei der noch höheren Frequenz einer Digitalsteuerung auf.

Es ist zwar interessant, für jede der unterschiedlichen Anwendungen bei der Modelleisenbahn eine passende Schaltung zu erfinden bzw. zu konstruieren; doch langjährige Erfahrung zeigt, daß es viel sinnvoller ist, über nur eine oder möglichst wenige leicht modifizierbare Grundschaltungen zu verfügen. Beispielsweise ist die Pflege der Platinenvorlagen aufwendig – und wird mit einer wachsenden Anzahl von unterschiedlichen Schaltungen noch aufwendiger.

So finden Sie bereits im Teil 4 der Buchreihe „Die Modellbahn", im Kapitel „Alternativen" das Layout und die Bestückungsansicht für den Fahrspannungsmodulator FAMO 2. Im Teil 4 fehlt aus Platzgründen die Schaltungsbeschreibung und die Schaltungsskizze. Die Leistungsstufe mit den Strombegrenzern ist mit der des Plusminusreglers identisch. Wir werden sie auch beim Impulsfahrregler wieder verwenden. Diverse freie Lötpunkte und die verwendeten Drahtbrücken lassen darauf schließen, daß hier einige Schaltungsvarianten möglich sind. Außerdem bleibt noch die schon beim Streckenregler eingeplante Huckepackplatine, mit der sich eine spezielle, drahtungsintensive Schaltung leicht mit der Platine des Leistungsteils kombinieren läßt.

Beim reinen Impulsfahrregler reichen zunächst die vorhandenen IC-Sockel- und Lötpunkt-Positionen aus. Im Prinzip wird ja nur ein Steuerimpuls benötigt, dem der vorhandene Leistungsteil folgen soll. Für einen elektronischen Taktgeber ist das mittels einer einzigen Schmitt-Trigger-Stufe verwirklicht. Für die Elektronik mit CMOS-Bauteilen jedoch ist das nicht ausreichend. Hier muß eine stabilisierte Gleichspannung erstellt werden. Dann ist der Richtungswert vom Kippschalter „VOR/AUS/RÜCK" auf die Endstufen zu schalten, und schließlich muß der Steuerimpuls ohne Phasendrehung auf den PLUSSCHALTER wirken, während die Ansteuerung des MINUSSCHALTERS um 180° phasenverdreht erfolgt.

Beim Imspulsfahrregler haben wir zusätzlich das Problem, daß ein einfaches digitales Voltmeter die Impulsspannung nicht richtig anzeigen kann, da es für 50 Hz und reine Gleichspannung gebaut ist! Lieber also ein paar Pfennige mehr investieren und den Steuerimpuls mit Hilfe einer LED (low current LED) sichtbar machen. Die Helligkeit der LED ist proportional zur Impulsdauer. Die Höhe der internen Betriebsspannung mit +5 V bleibt unverändert.

Auch am Ausgang des Impulsfahrreglers

sollte eine LED die Ausgangsspannung anzeigen. Hier ist weniger die Impulsbreite als vielmehr die Polarität ausschlaggebend, was mit einer zweibeinigen RG-LED und Vorwiderstand erreicht wird.

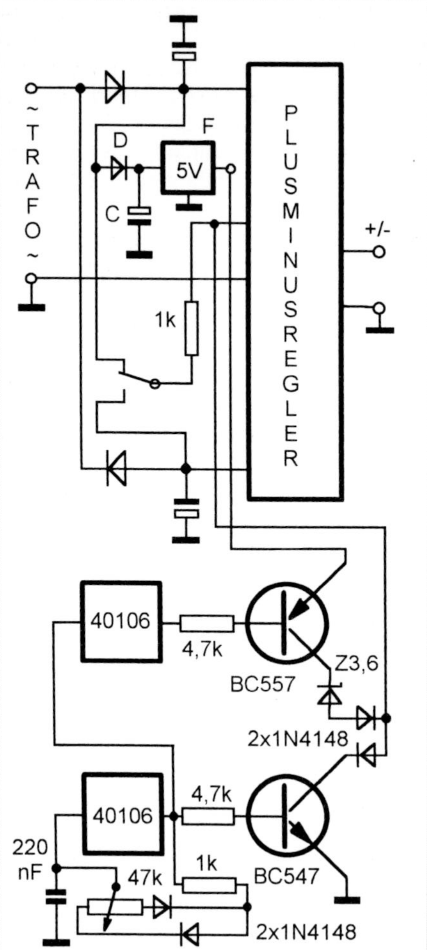

Abb. 42 Impulsansteuerung

Einigen Lesern kommt die Schaltung für die Impulserzeugung bestimmt bekannt vor. Wie schon im Teil 4 der Buchreihe „Die Modellbahn" dient der Schmitt-Trigger 40106 mit einer Stufe zur Impulsgenerierung, wobei die Komponenten hier etwas anders angeordnet sind und Werte für eine Frequenz von ca. 100 Hz erhalten haben. C, D und F sind wie bei ähnlichen Schaltungen dimensioniert. Die Anordnung der Dioden am Poti ergibt eine annähernd konstante Frequenz mit einem verbleibenden Restimpuls, also keiner Nullspannung. Absolut spannungsfrei ist der Ausgang der Leistungsstufe, wenn der Kippschalter weder auf PLUS noch auf MINUS steht. Über den 1-kOhm-Widerstand gelangt also keine Steuerspannung auf den Eingang des Plusminusreglers. Ohne Impulserzeuger muß bei der Schalterstellung PLUS am Ausgang volle Plusspannung wirksam sein. Entsprechendes gilt für MINUS. Der Impulserzeuger zieht erst hinter dem 1-kOhm-Widerstand den Eingangspegel auf Masse. So entsteht eine Impulspause.

Da wir zwei Polaritäten zu schalten haben, finden sich hinter der CMOS-Stufe zwei Transistoren. Der BC 547 zieht Plusspannung nach NULL. Der BC 557 legt dagegen Minusspanung auf +5 V – das ist die Spannung, die am Emitter liegt. Damit nun die steuernde Spannung beim Erzeugen negativer Impulse nicht positiver als Null wird, wird die Zenerdiode mit 3,6 V eingefügt. Zusätzlich werden die beiden Dioden 1N 4148 gebraucht, damit der jeweils nicht benötigte Transistor bei der anderen, für ihn falschen Spannungspolarität nicht durchbricht und die Steuerspannung verfälscht.

Die Gesamtschaltung ist als Impulsfahrgerät bis 2 A Dauerstrom nutzbar. Bei höheren Strömen bedarf es einer Zusatzkühlung.

30. CMOS 40109

Dieser elektronische Baustein ist wahrscheinlich relativ unbekannt. Er wird unter „Pegelwandler mit Tristate-Ausgang“ geführt. Dieser Dreifachstatus ist etwas Besonderes. Normalerweise haben wir am Ausgang einer elektronischen Schaltung nur PLUS (+5 V) oder MINUS (Masse). Es gibt aber noch den Pegel OFFEN. Dieser besagt, daß keine niederohmige Verbindung zu PLUS oder MINUS besteht. Das entspricht z. B. unserem gerade benutzten Kippschalter EIN/AUS/EIN. Auch dieser ist in einer der drei möglichen Schalterstellungen OFFEN.

Wer sich schon mit dem Motorola-Chip MC 145026/27 beschäftigt hat, der kennt den Tristate-Eingang des Encoders und auch des Decoders. Mit den vier Eingängen können durch Anlegen von jeweils drei Pegeln (PLUS/OFFEN/MINUS) einundachtzig Adressen eingestellt werden. Der Baustein 40109 eignet sich daher für eine elektronische Eingabe der vier Adresspegel, indem man durch acht Binärwerte z. B. des PC eine Wandlung auf vier Trinärwerte durchführt.

Das Pegelwandeln von 40109 versteht sich allerdings ganz anders: Hier besteht die Möglichkeit, z. B. vom 5-Volt-Pegel auf eine andere Betriebsspannung zu wechseln. Das kann in einem BUS-System erforderlich sein, um entsprechende Entfernungen bei hohen Verlusten in schwieriger Umgebung störungsfrei zu überbrücken.

Wer mehrere Datenausgänge über eine einzige Leitung multiplexen möchte, der kann normale CMOS-Ausgänge nicht einfach zusammenschalten. Führt ein Ausgang MASSE, dann wird automatisch der Ausgang für alle zur Masse. Eine Übertragung beider binärer Zustände (PLUS und MASSE) funktioniert nur, wenn alle auf eine gemeinsame Leitung gehenden Schaltstufen den Offenpegel senden können. Nur der jeweils adressierte Ausgang hat die Möglichkeit, seinen Binärwert als Masse oder Plus zu übertragen. Die empfangende Schaltstufe muß natürlich wissen, woher die Werte stammen. Ist dies gewährleistet, sind die seriell übertragenen Daten eindeutig.

Wer will, kann mit dem 40109 den Computeranschluß zum MC 145026 herstellen. Wir dagegen wollen mit den vier Schaltstufen den Steuerungseingang des Plusminusreglers beeinflussen. So wird der Kippschalter ersetzt und eine rein elektronische Ansteuerung der Leistungsstufe erreicht. Damit erhalten wir eine Möglichkeit, die Polarität des Fahrreglers fernzusteuern und per Taster umzuschalten.

Die vorherige Technik wird abgeändert. Wir werden nicht generell Einschalten und danach per Impulsgeber die Impulspausen erzeugen. Wir bereiten die Impulse so auf, daß ein positiver Impuls einen positiven Fahrspannungsimpuls erzeugt, solange vorwärts gefahren werden soll. Ändert sich die Fahrtrichtung auf rückwärts, dann muß der gleiche positive Impuls, der vom Poti des Fahrreglers bestimmt wird, jetzt einen negativen Fahrspannungsimpuls generieren. Beim FAMO 2 im Teil 4 „Die Modelleisenbahn“ geht es noch einen Schritt weiter. Werden beide Steuergates (vorwärts und rückwärts) gleichzeitig aktiv, was für einen Impulsfahrregler natürlich keinen Sinn ergibt, schaltet die Endstufe auf digitale Fahrspannung um. Die digitale Fahrspannung folgt phasengleich der Steuerspannung.

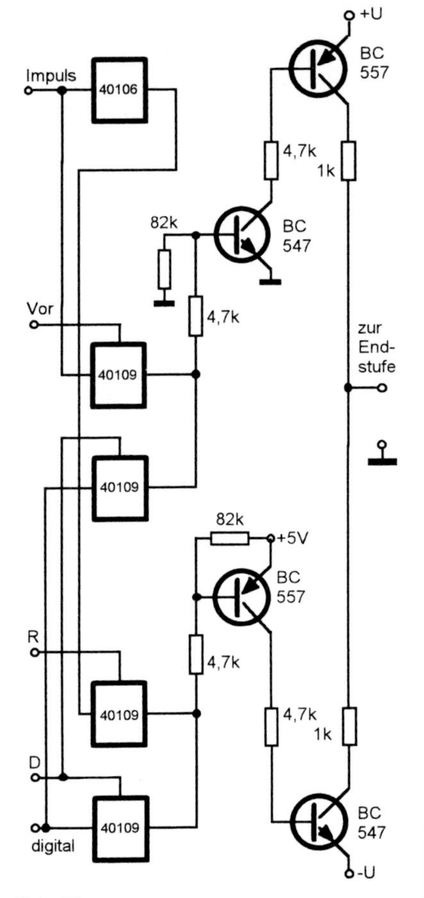

Abb. 43

Eine weitere, wichtige Anwendung kann das Umschalten zwischen zwei digitalen Steuerspannungen sein. Das läßt sich z. B. beim Mischen des MOTOROLA-DIGITAL-Systems mit dem DCC-Format oder beim Umpolen der Fahrspannungspolarität in einer Kehrschleife anwenden.

Für eine Umschaltung reicht ein CMOS 40109 aus. Soll zwischen mehreren Funktionen gewählt werden, können beliebig viele Ausgänge auf eine gemeinsame Leitung geschaltet werden, solange die Auswahl immer nur eine Schaltstufe aktiviert! Ein angeschlossener BC 547 steuert durch, wenn er über seinen Vorwiderstand +5 V erhält. Der BC 557 dagegen ist mit +5 V gesperrt, da sein Emitter auf +5 V liegt. Der BC 557 schaltet erst durch, wenn er Massepegel erhält.

Der steuernde Impuls liegt immer an. Er wird von der Richtungsinformation per UND durchgeschaltet. Die angeschlossenen Transistoren sorgen dafür, daß der eigentlich gewünschte Spannungspegel von +U oder -U zum Eingang des Plusminusverstärkers gelangt.

Sollte ein zu hoher Fahrstrom entnommen werden, sorgen die elektronischen Sicherungskreise für eine Verminderung der Eingangsspannung, wodurch die Stromhöhe automatisch begrenzt wird. Eine geringere Eingangsspannung kann aber auch gewollt sein. Nicht alle Loks vertragen eine Impulsspannung, die u.U. bis auf 20 V ansteigt. Eine Begrenzung der maximalen Höhe kann durch zwei gegeneinander geschaltete Zenerdioden zwischen Eingangsspannung und Masse erreicht werden. Natürlich wird durch solch eine Maßnahme die abzuführende Verlustwärme erhöht.

31. Digitale Impulserzeugung

Die bisherigen Schaltungsvorschläge zum Plusminusregler besitzen alle noch die analoge Impulsgenerierung per Potentiometer (Poti). Der BUS-Baustein 40109 erlaubt dagegen schon eine digitale Eingabe der Richtung oder der Betriebsweise. Ein WAC-Regler kann hier z.B. seine Tasteneingabe in einem 4013-Flipflop zwischenspeichern.

Ein direkter Anschluß des Plusminusreglers an eine Elektronik oder an den Computer verlangt, daß auch der Impuls auf digitale Weise erzeugt wird. Der im Streckenregler enthaltene Zähler kann dafür genutzt werden. Allerdings muß sein in der Form von sechs Bits vorliegender Wert mit einem „Zeitnormal" verglichen werden. Ist der Zählerausgang für die gesamte Zeitdauer der Impulsfrequenz, also der Zeit vom ersten bis zum nächsten Impuls, NULL, dann darf kein Impuls entstehen. Steht der Zähler dagegen auf 63, muß ein Impuls über 98% der maximalen Impulsdauer entstehen.

Gelöst wird diese Aufgabenstellung durch einen ständig laufenden Zähler, dessen sechs Bits mittels Vergleicherbaustein 4063 den sechs Bits des von Hand verstellbaren Zählers gegenübergestellt werden. Immer wenn der verglichene Wert des automatisch laufenden Zählers kleiner ist als der manuelle Zähler, erhalten wir einen Impuls.

Die Dauer eines Zählerumlaufes ergibt den zeitlichen Abstand zwischen den Impulsen. Die Impulsdauer variiert dann in 64 Schritten. Sind beide Zähler NULL, gibt es kein KLEINER ALS am Vergleicherausgang. Steht der manuelle Fahrwertzähler auf EINS, gibt es nur für die Zeit NULL den Vergleichswert KLEINER ALS.

Der Takt des kontinuierlich laufenden Zählers wird durch eine RC-Kombination am 4060 bestimmt. Das sind analoge Bauteile mit relativ großen Toleranzen. Wer mehrere Impulsfahrgeräte dieser Art bauen möchte, der muß bedenken, daß die Impulse bei gleichem Fahrwert nur in Relation gleich sein können, da die Einzelgeräte nicht miteinander verbunden und aufeinander abgestimmt sind. Die Impulsbreiten weichen leicht voneinander ab, und die Impulse mehrerer Fahrgeräte werden sich immer zeitlich zueinander verschieben!

Bei einer Fahrt von einem Reglerbereich in den nächsten muß es daher immer wieder zu einer Addition der Impulse beim Überfahren der Gleistrennstellen kommen. Eine leichte Veränderung der Lokgeschwindigkeit, ein beschleunigender Ruck, ist die Folge. Beim Streckenregler und reiner Gleichspannung tritt dieses Problem nicht auf!

Ein absoluter Gleichlauf mehrerer Impulsfahrgeräte ist allerdings möglich, wenn nur ein einziger gemeinsamer Takterzeuger für alle automatisch durchlaufenden Zähler vorhanden ist. Bei Anlagenmodulen ist eine entsprechende Taktleitung mit passender Frequenz durchaus denkbar. Absolut gleiche und synchronlaufende Impulse per Zählerwert oder durch Fremdeingabe zu reproduzieren, ist eine praktikable Art, auf

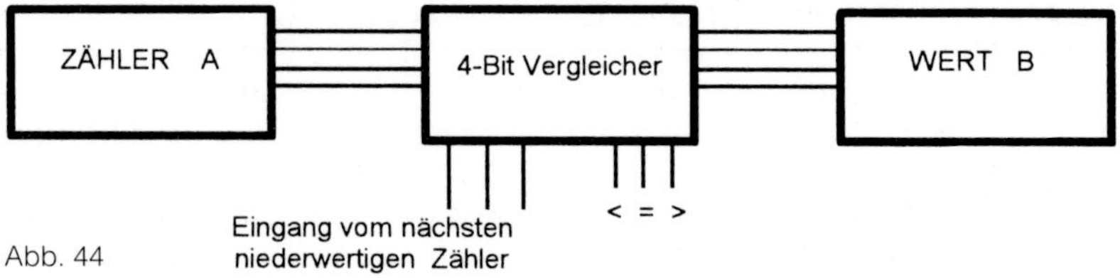

Abb. 44

der Modellbahn Betrieb zu machen, da die Module abschnittsweise immer wieder eigene Stromversorgungen haben.
Wird eine festinstallierte Anlage mit synchronlaufenden Impulsfahrgeräten zentral mit Strom versorgt, ergibt sich bei einer gemeinsamen Energiequelle ein Stromproblem: Alle Impulse schalten gleichzeitig alle Fahrzeugmotoren ein! Da Einschaltströme beim Impulsbetrieb über dem Dauerstrom liegen, kann die Gesamtstromversorgung kritisch werden. Nicht synchronlaufende Impulsfahrgeräte bereiten keine Probleme, wenn in jedem Fahrbereich angehalten wird und der überlappende Bereich mit dem folgenden Streckenregler eingeschaltet wird. Das funktioniert sogar bei fahrendem Zug! Befindet sich dieser auf der Bremsstrecke vor dem Signal, aber bei Hp1, dann wird das Signalrelais bzw. ein zusätzliches Hilfsrelais in dem Moment umgeschaltet, wenn der Zug sich in voller

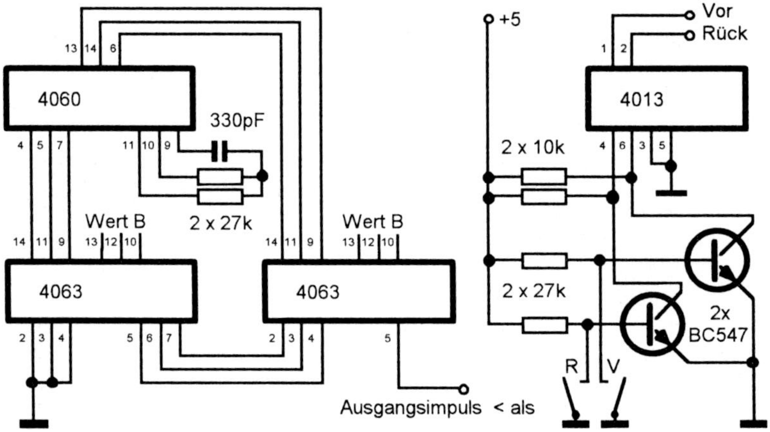

Abb. 45 Digitale Impulserzeugung

Länge im Übergabebereich befindet. Die Relaiskontakte brauchen wenige Millisekunden zum Umschalten des Gleissegmentes vom vorhergehenden auf den folgenden Impulsfahrregler. Die Impulse beider Regler sind nicht synchron, aber gleich lang, so daß der Zug ohne Übergabeprobleme in den nächsten Strombereich übernommen wird. Ein Überfahren von Trennstellen wird mit dieser Technik generell ausgeschlossen!

Das Prinzip des Vergleichers für zwei binäre Werte gilt für beliebig große Zahlen. Bei unserer Schaltung werden nur sechs Bits verglichen. Der Auf-Ab-Zähler für den Fahrwert entspricht dem Zähler aus Kapitel 6. Neu sind die Vergleicher 4063 und der durchlaufende Zähler 4060. Ein als RS-Flipflop geschalteter 4013 speichert die Richtung. Alle vier Funktionen werden durch nach Masse schaltende Taster ausgelöst.

Diese Eingaben über vier Taster sind nicht mit der Information im Kapitel 5 „Der Lokführer läuft mit“ kompatibel! An der erweiterten FREMO-Buchse haben wir nur drei Steuerleitungen zur Verfügung. Der tragbare Geber ist so nicht einsetzbar. Die Eingabe über vier Taster war schließlich nicht zum Mitlaufen gedacht, sondern auf zwei benachbarte Bahnhofshälften ausgerichtet, wo sich zwei Modelleisenbahner die Züge per Übergabe zuschicken. Jeder hat vier Taster und setzt zunächst die Fahrtrichtung, beschleunigt und überläßt nach seiner Ablösung den Zug zum Abbremsen und einer vorbildgerechten Einfahrt in den Zielbahnhof seinem Partner.

Foto 9 Die Huckepackplatine DIS 64

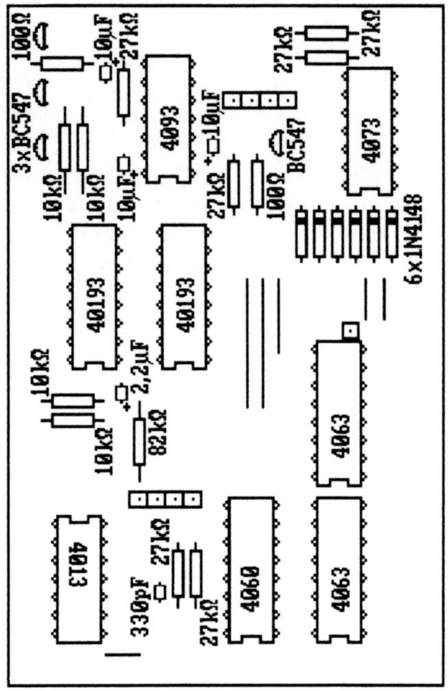

Abb. 46b DIS 64 Bestückungsansicht
Abb. 46a – links – DIS 64-Ätzvorlage

STÜCKLISTE :

6 Dioden	1N 4148	1 CMOS	4013
1 Elko	2,2 µF/6 V	1 CMOS	4060
3 Elkos	10 µF/6 V	2 CMOS	4063
3 IC-Sockel	14-polig	1 CMOS	4073
5 IC-Sockel	16-polig	1 CMOS	4093
1 Kondensator	330 pF/63 V	2 CMOS	40193
4 Transistoren	BC 547		
2 Widerstände	100 Ohm/0,25 W	1 Buchsenleiste gerade	
4 Widerstände	10 kOhm/0,25 W	20-polig zum Abschneiden	
6 Widerstände	27 kOhm/0,25 W	der Platinenverbindungen	
1 Widerstände	82 kOhm/0,25 W		

Foto 10 Der Universalfahrregler ohne die steuernde Huckepackplatine

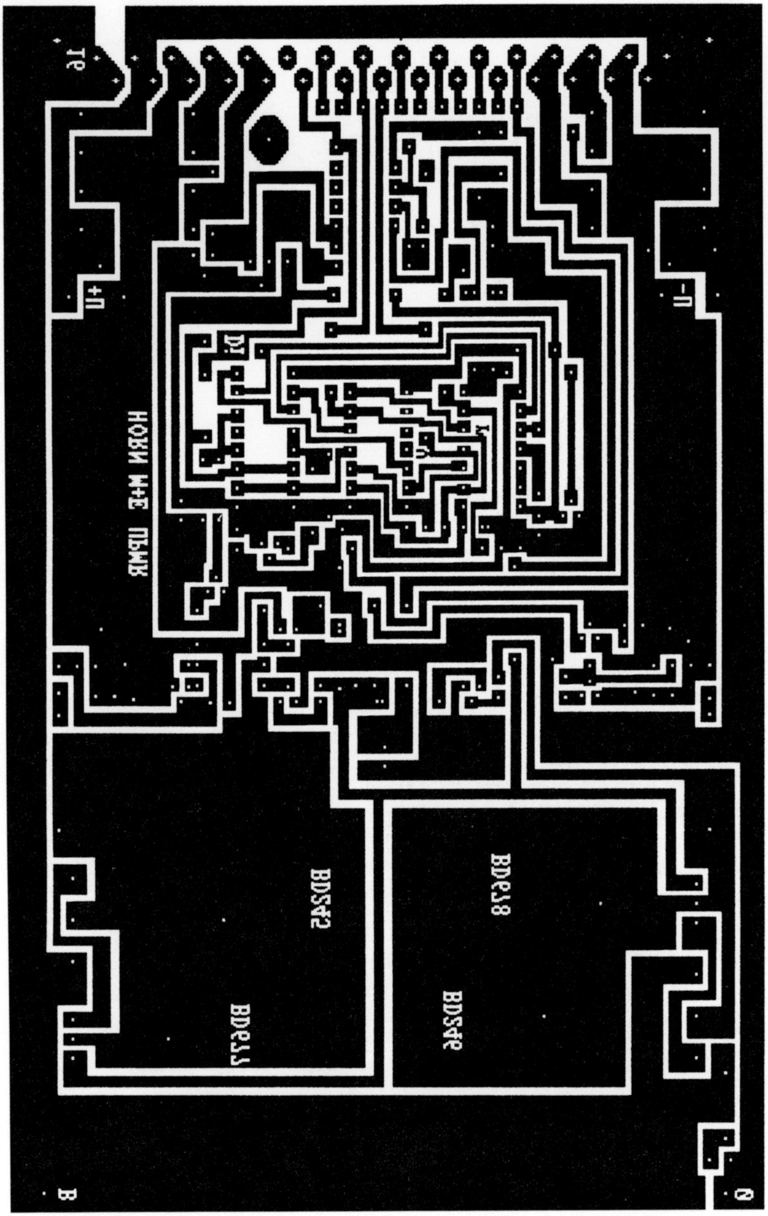

Abb. 47a Ätzvorlage Leistungsteil +/– Regler

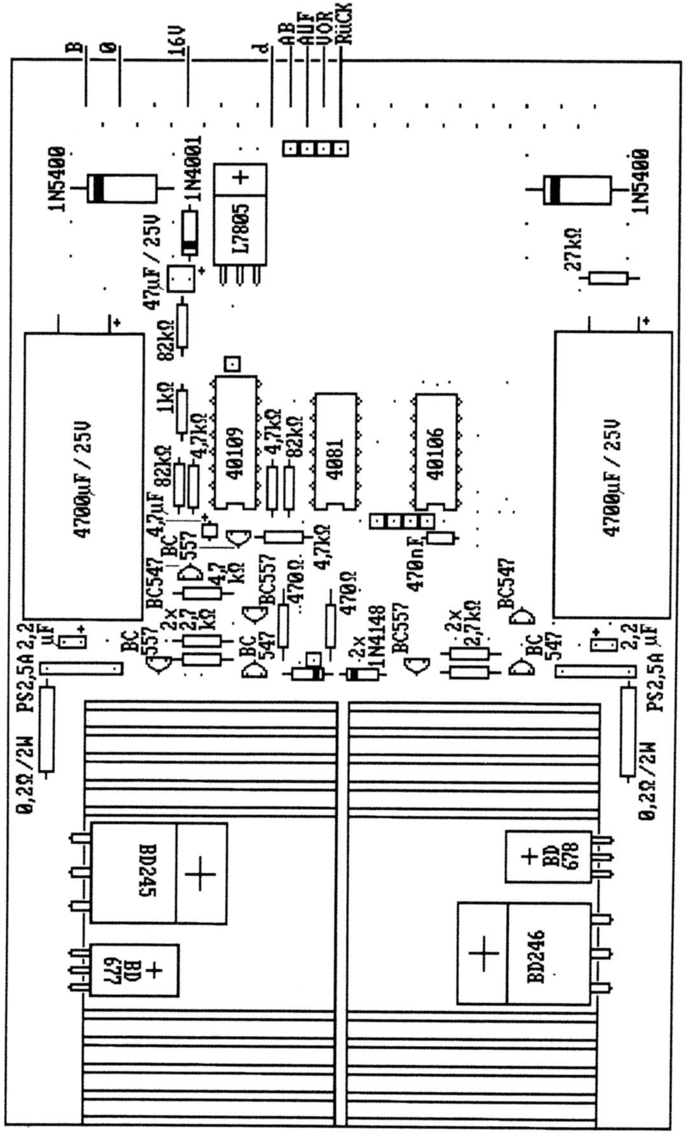

Abb. 47b +/– Regler Bestückungsansicht als Analog- und Digitalregler

32. Der Universalfahrregler

Im Buch „Die Modellbahn 4“ wurde das Layout für die Platine des Universalfahrreglers schon gezeigt. Es ergeben sich jetzt einige kleine Änderungen, denn es soll eine größere Anzahl von Schaltungsvarianten mit dieser Fahrreglerplatine aufbaubar sein. Die Unterschiede sind so vielfältig, daß diese im Rahmen dieses Buches nicht alle gezeigt werden können.

Im folgenden ist der vom aufgesteckten Impulsgenerator gelieferte Impuls interessant. Er nutzt die Schaltung auf dem Leistungsteil, um mit dem Impulsteil und dem Richtungsspeicher einen positiven oder negativen Fahrimpuls zu erzeugen. Damit lassen sich alle Gleichspannungsfahrzeuge steuern – egal, ob Zweischienensystem oder Mittelleiter.

Allerdings muß der Betreiber eine Voraussetzung beim Betrieb beachten: Die maximale Fahrspannungshöhe sollte in etwa den eingesetzten Lokmotoren entsprechen! Erreichen die Loks bei 12 V ihre Höchstgeschwindigkeit, dann sollte die Versorgungsspannung etwa bei 14 bis 16 V liegen. Es ist nicht empfehlenswert, die Fahrzeuge z. B. mit 24 V und einem Impuls von nur 50% zu fahren, was sich ja energietechnisch entspricht. Der Verschleiß an den Kohlen, dem Kommutator und den Lagern (auch den Getrieberädern) steigt mit der Härte des Impulses. Bei doppelter Spannung erhalten wir auch doppelten Strom und somit eine vierfache Leistung! Das bedeutet für unsere Lok bei Impulsbetrieb ein ständiges kurzzeitiges, aber sehr heftiges Anschieben des Rotors mit anschließendem Leerlauf.Beim Betrieb mit reiner Gleichspannung kommt so etwas nicht vor. Die Belastung ist konstant. Die Höchstgeschwindigkeit läßt sich mit der Spannungshöhe korrekt einstellen. Interessant ist das Thema deshalb, weil leider viele Lokmotoren nicht auf die von der Norm empfohlenen 12 V eingestellt sind.

Die Leitung, mit der die Eingangsspannung an die Basisanschlüsse der Darlingtontransistoren geführt wird, erlaubt neben der Impulssteuerung auch eine Beeinflussung der Spannungshöhe. Wer eine generell zu hohe Betriebsspannung reduzieren will, kann zwei gegeneinander geschaltete Zenerdioden nach Masse einlöten. Allerdings ist bei dieser Maßnahme die wesentlich stärkere Erwärmung der Kühlkörper zu beachten! Besser ist es, die Betriebsspannung von Anfang an niedrig zu halten.

Wer sich jedoch in den Kopf gesetzt hat, die unterschiedlichsten Fahrzeuge ohne angleichende Umbauten, vielleicht sogar noch mit unterschiedlichen Fahrsystemen auf einer Modellbahnanlage zu betreiben, der muß die Fahrspannung in jeder Form und Höhe bereitstellen können. Eine einfache Methode, dies von Hand zu erledigen, ist der spezielle Fahrregler passend zur Lok – mit dem DIN-Stecker zum Einstecken in die FREMO-Buchse. Die beste Lösung bietet der Computer: Eine Fahrzeugdatei moduliert mit einer Verbindung auf den gewünschten Fahrregler die Fahrspannung in Höhe und Form.

Ein so hochgestecktes Ziel benötigt einige Voraussetzungen, die sicher weder in diesem Buch noch in den vorangegangenen Bänden erschöpfend behandelt werden können. In „Die Modellbahn 3" wurde gerade erst über eine einfache Fahrspannungsversorgung für Loks unterschiedlicher Systeme oder den alternativen Umbau aller Loks auf ein System nachgedacht; und mit den bisherigen Kapiteln dieses Bandes über Fahrstraßen und Fahrregler ist es genauso wenig möglich, schon alle Facetten des so vielseitigen Themas „Modellbahn" abgehandelt zu haben.

Konzentrieren wir uns daher zunächst auf die Montage der Huckepackplatine auf der UPMR-Platine, um Übergabefahrten von Bahnhof zu Bahnhof durchführen zu können. Beide Platinen liegen mit der Bestückungsseite zueinander und werden über die drei Steckergruppen verbunden. Damit der Abstand ausreichend groß wird und z. B. der überstehende Teil der kleinen Platine am Kühlkörper mit 20 mm Höhe nicht abgetrennt werden muß, werden jeweils Buchsenleisten in beide Platinen eingelötet. Die Verbindung übernehmen dann die geraden Stiftleisten, die in beide Buchsenleisten eingesteckt werden.

Um in der Seitenansicht die Steckverbindung sehen zu können, wurde der davorliegende Elko mit 4700 µF nicht gezeichnet. Bei heute normal üblichen Bauteilen müßte auch bei der Verwendung von IC-Sockeln ausreichend Luft zwischen beiden Platinen sein. Ein Problem kann sich ergeben, wenn der Kühlwinkel des Festspannungsreglers 7805 über 12 mm hoch ist. Die Breite des kleinen Kühlwinkels ist mit 11 mm zu bemessen.

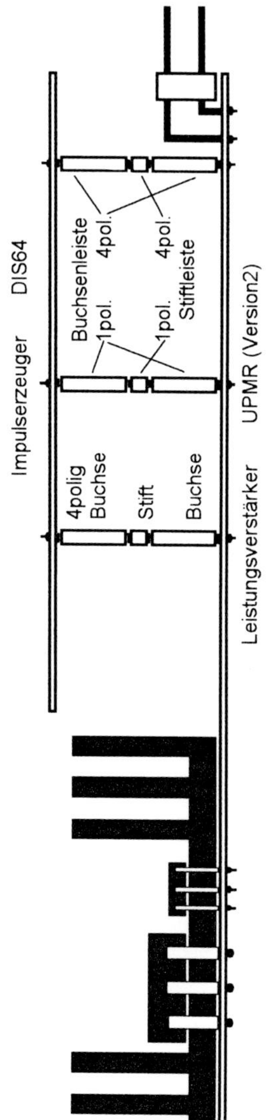

Abb. 48 Der Impulserzeuger wird über drei Steckergruppen mit dem Leistungsteil verbunden. Der PC-Adapter benötigt einen weiteren Steckverbinder.

33. Computeranschluß

Wer über Fahrstraßen spricht, kommt am Computer heute kaum noch vorbei. Digitalsysteme mit entsprechenden Geräten als Verbindungsglieder zwischen Computer und Modellbahnanlage gibt es mittlerweile mehrere: für den analog fahrenden Modelleisenbahner mehr abschreckend als attraktiv – da Auswahl und entsprechende Preise eher zur Qual werden. Viele sprechen den digitalen Lösungen denn auch schon von vornherein jeglichen Nutzen ab. Ein Modelleisenbahner, der den Computer nur zur Magnetartikelsteuerung benutzen möchte, braucht jedoch alle diese Digitalgeräte eigentlich nicht. Eine drahtgebundene Steuerung ohne die problematische Kontaktgabe zwischen Rad und Schiene kommt mit einer wesentlich einfacheren Verschlüsselung und Art der Datenübertragung aus. Trotzdem wird der Computer, oft aus reiner Unwissenheit, von der großen Mehrheit der Modelleisenbahner einfach abgelehnt. Ein großer Fehler!

Der PC bietet vielseitig einsetzbare Elektronik, mit der alle in diesem Buch gezeigten elektronischen Schaltstufen ersetzt werden können – bis auf die Leistungsstufen und Stromversorgungen. Bisher hat sich diese Tatsache jedoch nicht bis zu den Benutzern herumgesprochen. Auch das Argument der hohen Anschaffungskosten ist mittlerweile nicht mehr gültig: Rasante Hard- und Softwareentwicklung läßt Neu- wie Gebrauchtpreise von PCs für den Verbraucher in erschwingliche „Tiefen" purzeln.

Das eigentliche Problem ist die Software. Es gibt noch keine Profisoftware, die über einen einfachen Weg elektronische Schaltstufen für die Modellbahn simuliert, entsprechend der Anlagenform verknüpft und auf einfache Weise direkt ausgibt. Die einzig bekannte Ausnahme ist das Produkt „Switch-Com" der Firma Modellplan. Immerhin ein vielversprechender Anfang. Als dieses Buch geschrieben wurde, war aber der Rückmeldeanschluß noch nicht verfügbar. Ein Praxisbericht über diese Magnetartikelsteuerung, einen eventuellen Eigenbau der Komponenten und eventuelle weitere Anwendungsmöglichkeiten muß daher verschoben werden.

Wer eine Profilösung in Kombination mit Selbstbaudecodern anstrebt, sollte nochmals zum Kapitel „Digitales Universalrelais" zurückblättern. Neue Lösungen sind allerdings täglich zu erwarten: Wer also seinen „PC-Anschluß" nicht verpassen möchte, blättere aufmerksam in den einschlägigen Modellbahnzeitschriften!

Für den Selbstbau von A bis Z mit eigener Programmierung in der Computersprache BASIC kann aber bereits jetzt ein Lösungsweg gezeigt werden. Unsere Universalendstufe erhält lediglich eine andere Huckepackplatine. Der Computer kann direkt per Druckerkabel angeschlossen werden und den Fahrwert mit Richtungsangabe an den Fahrregler senden. Mit serieller Ausgabe und auch Eingabe am Printerport können Magnetartikel gestellt werden sowie Rückmeldungen in den PC eingelesen werden.

Das BASIC bedient parallel dazu das Gleisbild und ein der gewohnten Eingabe dienendes Tastenfeld.
Die einfachste Lösung einer Datenausgabe am PC wäre die parallele Ausgabe eines Bytes (8 Bits), um die 64 Impulsfahrstufen plus Richtung und der Umschaltmöglichkeit von analog nach digital zu übertragen. Bei mehreren Fahrreglern, die man seriell mit dem Byte betreiben kann – das spart das Adressieren –, ergibt das mit den Steuerleitungen und Masse insgesamt 22 Drähte. Eine solche Lösung ist also nur für zentral, in einem 19"-Rackgehäuse untergebrachte Fahrgeräte sinnvoll. Bei einer dezentralen Anordnung der Fahrregler in Anlagenmodulen wären das zu viele Leitungen.
Die minimale Anzahl von zwei Drähten, wie sie bei Encodern/Decodern oder dem I^2C-Bus erforderlich sind, treibt dagegen den elektronischen Aufwand in die Höhe. Einen Mittelweg bietet eine serielle 1-Bit-Lösung, bei der für eine Ausgabe einschließlich der Spannungsversorgung fünf Drähte und für eine gleichzeitige Eingabe und Ausgabe sechs Drähte erforderlich sind.
Schließt man nur wenige Schaltkreise an den Computer an, dann ist eine direkte Verbindung zwischen Printerport und Fahrreglerplatine möglich. Für einen universellen Anschluß vieler Schaltkreise muß zur Verstärkung der Ausgangsleitungen des Computers eine zusätzliche Platine eingebaut werden.
Da die serielle Byte-Ausgabe für spezielle Anwendungen interessant ist, wird für die 1-Bit-Ausgabe das Bit 7 (D0) und für die Byte-Ausgabe die ganze Bitgruppe (D0 bis D7) des LPTR1 oder LPTR2 vorgesehen. Der Bit-Anschluß am 25-poligen Sub-D-Steckverbinder ist der PIN2. Das gilt genauso für den Centronix-Steckverbinder mit 36 Stiften. Unser Datenbit wird also vom PC immer auf dem PIN2 bereitgestellt!
Damit das Bit auch dort erscheint, muß natürlich nach dem Einschalten des Computers das DOS hochgefahren und dann „BASIC" oder „QBASIC" aufgerufen werden. Solange noch kein eigenes Programm unter dem BASIC existiert, lassen sich die Ausgänge für den Druckerport auch mit Einzelbefehlen setzen bzw. löschen.
Es gibt die Befehle OUT 632,1/OUT 888,1 oder OUT 956,1 zum Setzen des PIN2 auf +5 V. Mit OUT xxx,0 wird dagegen das Bit (alle Bits) ausgeschaltet. Welcher Befehl für Ihren PC zutrifft, müssen Sie entweder nachlesen oder ganz einfach ausprobieren. Den +5-Volt-Pegel macht man am einfachsten mit einer low-current-LED und einem 1-kOhm-Vorwiderstand sichtbar. Achtung: Bei der Eingabe des OUT-Befehls folgt nach dem OUT ein Leerzeichen/„blank" vor der Adresse.
Weiter werden die Ausgänge an den PINs 1, 14 und 17 benötigt. Diese zur Synchronisation benötigten Signale werden z. B. mit OUT 958,11 ausgeschaltet und mit dem Wert 0 eingeschaltet. Die Pegel sind invertiert, was aber niemanden stören dürfte, da im Programmablauf später alles automatisch richtig gesetzt wird. Sind dagegen die anderen Grundadressen der LPT1 und LTP2 notwendig, ergeben sich für die Synchronleitungen die Adressen 634 oder 890.
Zum Einlesen der Rückmeldedaten nehmen wir das werthöchste Bit des Einleseregisters. Die Adressierung erfolgt mit Wert = INP(957)/INP(633) oder INP(889). Die Daten müssen am PIN11 bereitgestellt werden. Ist der eingelesene Wert >127 (also 128 oder größer), dann ist der abgefragte Punkt aktiv. Da Gleisbesetztmelder jedoch bei Masse aktiv melden, muß der Pegel

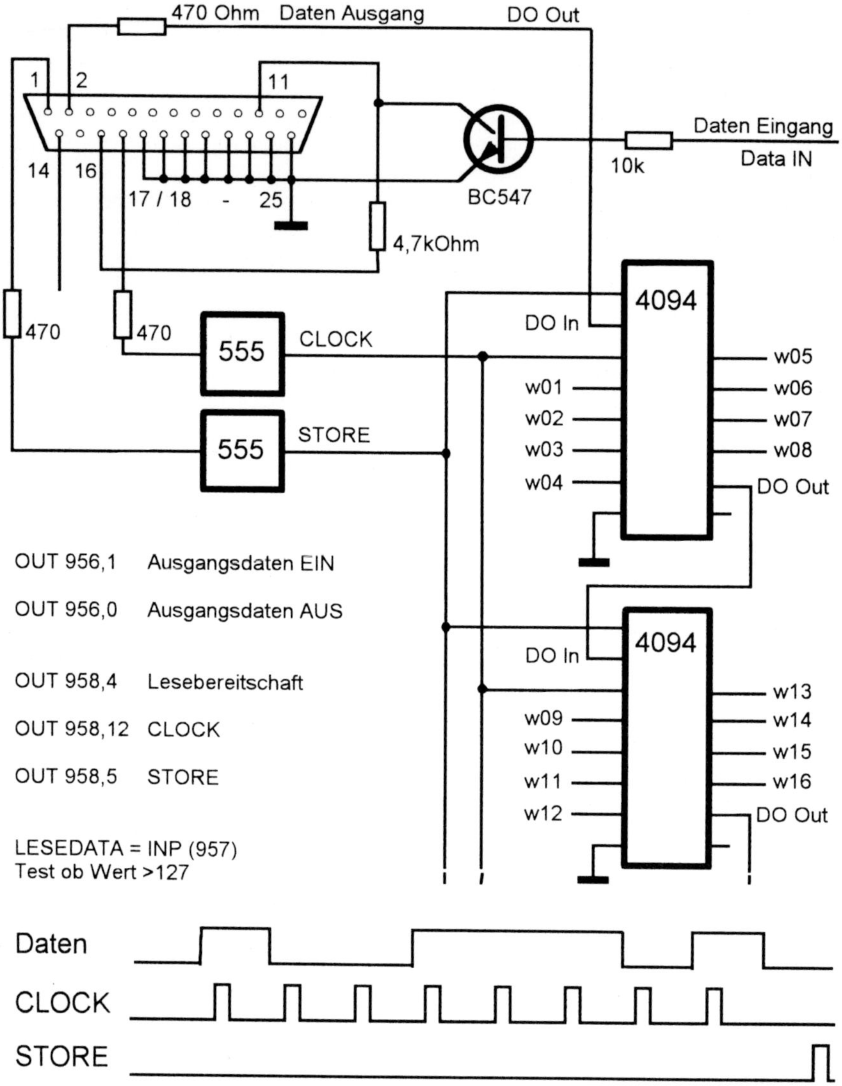

Abb. 49 Preiswerte Datenausgabe vom PC (erweiterbar)

beim Einlesen einmal invertiert werden. Der heute am IBM-DOS-PC übliche Anschlußstecker für den LPT ist der SUB-D mit 25 Polen. Die acht Masseanschlüsse werden von vielen PC-Betreibern nicht komplett angeschlossen. Aus Sicherheitsgründen – bei Überstrom – sind jedoch alle Leitungen zu verschalten. Weiter haben mehrere Masseleiter, wenn sie rechts und links zu jeder Daten- bzw. Impulsleitung geführt werden, einen entkoppelnden Effekt. Wer also die sechs Datenleitungen anschließen will, der sollte mindestens sieben Masseleiter benutzen.

Die Daten- und Impulsleitungen sind in unserer Schaltung nicht direkt mit dem Computer verbunden, sondern durch je einen 470-Ohm-Widerstand geschützt. Ein Kurzschluß oder gar Fremdspannung dürfte so der LPT-Elektronik nichts anhaben können. Aus Gründen der Sicherheit wird zusätzlich die für das Einlesen benötigte Betriebsspannung vom Computer selbst durch die auf EIN gesetzte Leitung INIT (OUT 958,4) geliefert. So gelangt keine Fremdspannung an den LPT-Port.

Während wir mit der Schaltung nur eine Leitung LESEN können – es lassen sich aber z.B. mehrere Sensoren über Optokoppler oder Relaiskontakte adressieren – ist die Ausgabe mit diversen CMOS 4094 im Prinzip beliebig erweiterbar. Jedes IC bietet uns acht Ausgänge. Direkt nachgeschaltete ULN 2803 können dabei Relais oder auch stärkere Antriebe aktivieren. Allerdings ist das Einschleifen der hohen Schaltströme, z.B. in die PC-Basisplatine, nicht unproblematisch. Die für hohe Ströme nicht geeigneten geringflächigen Leiterbahnen können Störungen in die Elektronik weiterleiten.

Die PC-Basiskarte dient in erster Linie zur Kontrolle beim Programmieren durch eine Anzeige mit aufgesteckten LEDs oder als Relaistreiber mit nachgeschalteten Fahrstraßenkomponenten. Die in der Kette zuerst am PC liegenden Schieberegister 4094 können auch die Anbindung der Digitalsteuerung DIGIT 81 als Loksteuerung oder aber als Magnetartikelsteuerung übernehmen.

Der Datenausgang DO wird aus Richtung PC mit OUT gekennzeichnet. Der Eingang zum Schieberegister ist dann DO In. Der Übertrag zum nächsten Register ist wieder DO Out, DO In. Der Abgang von der Platine am Stift 16 ist erneut ein Datenausgang. Er ist mit der nächsten Platine (dem DO In) am Stift 13 zu verbinden. Folgt z.B. ein digital angesteuerter PM-Fahrregler, ergibt das fünfte Schieberegister mit den Werten w33 bis w40 die Impulsbreite und die Fahrtrichtung des Reglers. Was die kleine Huckepackplatine noch kann, sehen wir gleich.

Wer nur etwas mit dem Computer experimentieren will, der kann die 555er und die 4094 je auf einer Experimentierplatine aufbauen. Die PC-Basisplatine dagegen vereint alle Voraussetzungen und liefert gleichzeitig die Versorgungsspannung in PLUS und bei Bedarf auch MINUS. Die Platine ist zum schnellen Austausch mit dem 31-poligen Rackstecker ausgerüstet. Der LPT-Anschluß ist über einen SUB-D-15 ebenfalls steckbar, und eine Scart-Buchse ermöglicht den schnellen Anschluß der Anlagenmodule. Egal, ob der Trafo die PC-Basis direkt versorgt oder die Plusspannung aus der Anlage kommt, wird von allen möglichen Spannungsleitungen durch mehrfaches Auskoppeln einmal +6 V generiert. Die 555er arbeiten mit leicht erhöhter Spannung, damit am jeweiligen Ausgang (PIN3) ein voller Spannungspegel

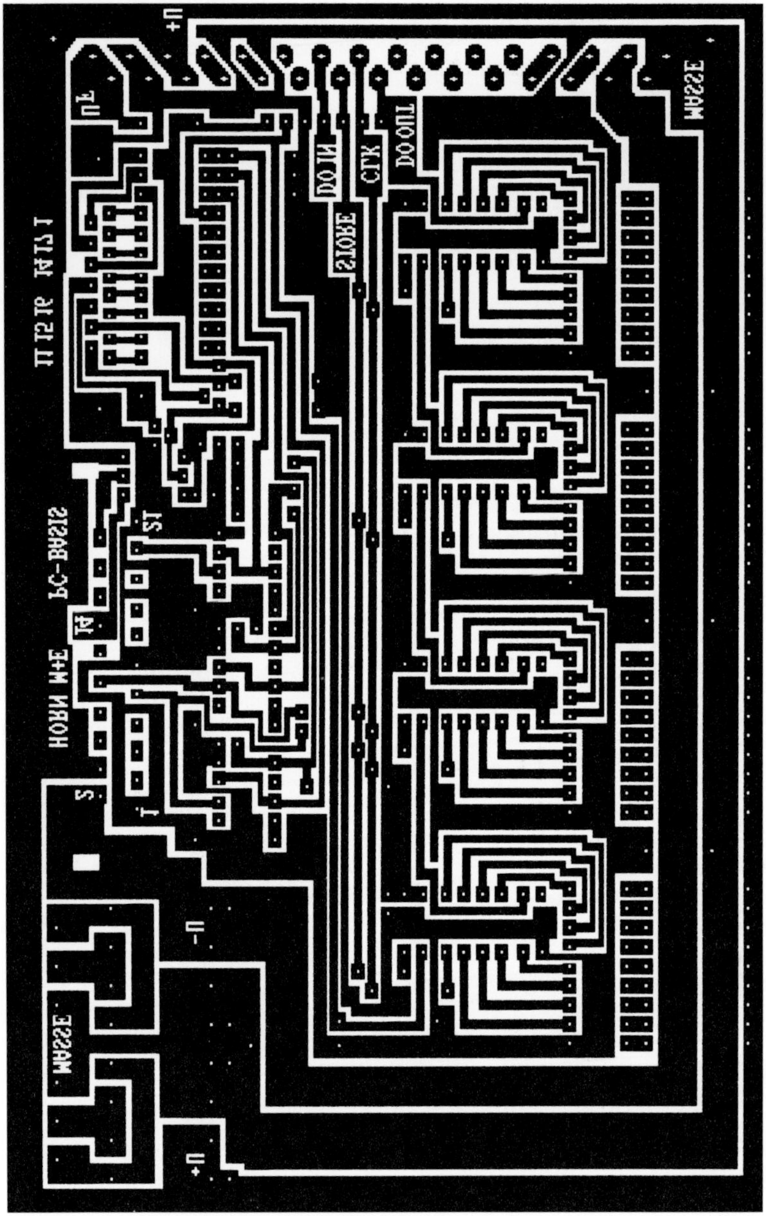

Abb. 49a Ätzvorlage PC-Basis

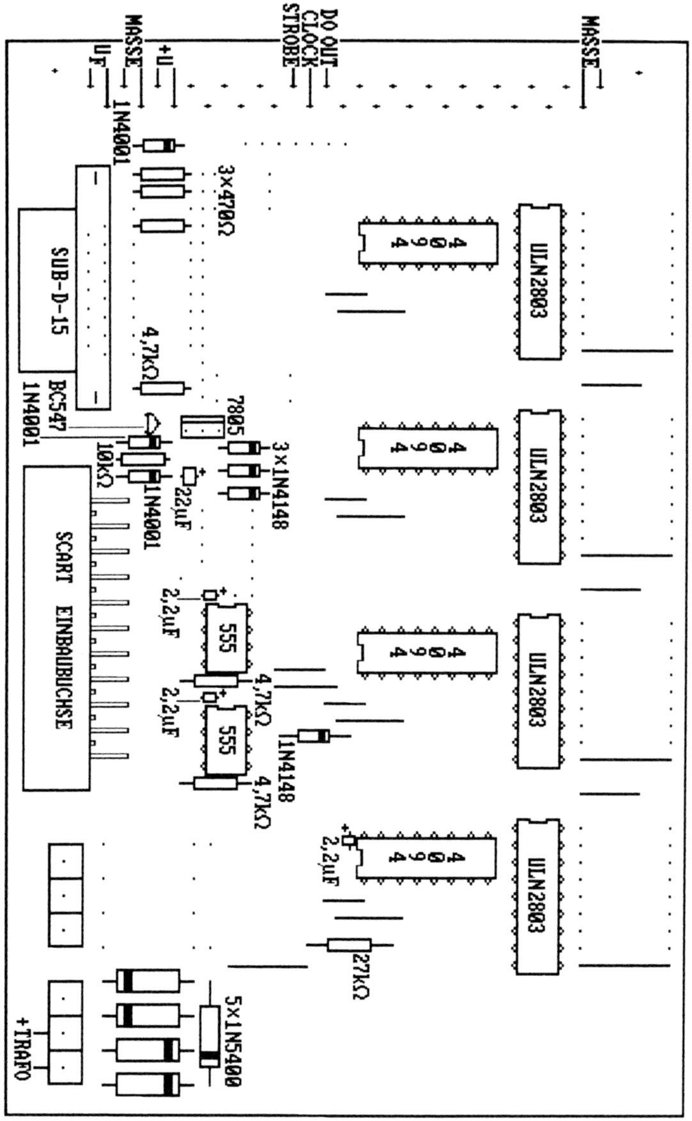

Abb. 49b PC-Basis Bestückungsansicht

von +5 V zur Verfügung steht. Achtung: Die Leitung für die Ausgabedaten ist im Augenblick nicht auf den Scart-Steckverbinder geschaltet!

Mit unserem Buchthema „Fahrstraßen“ ist in der Anwendung ja lediglich eine Unterstützung der Datenausgabe verbunden. Eine weitergehende Fahrautomatik stellt andere Anforderungen und ist nicht unser jetziges Thema! In PC-gestützten Fahrwegen läuft weiterhin der Lokführer mit seinem Handregler neben der Lok. Die Eingabe der Fahrdaten wird richtungsabhängig von je drei Leitungen weitergegeben. An der DIN-Buchse sind es die Anschlüsse 6, 7 und 8, aus denen auf dem Scartkabel die Leitungen 6, 7 und 8 bzw. für die Gegenrichtung 16, 17 und 18 werden.

Sollen Fahrstraßen automatisch aufgelöst werden, dann muß der PC die jeweiligen Zielgleise und deren Besetztmelder abfragen. Da dies – für erste Programmierübungen ideal – sehr langsam vonstatten geht, wird die Scartleitung 20 zum Lesen bereitgehalten. Sind mehrere Zielpunkte vorhanden, dann darf natürlich immer nur einer adressiert werden. Das noch zu bestimmende Ausgabebit einer Fahrstraße aktiviert z. B. ein Reedrelais, wobei der Reedkontakt den so adressierten Besetztmelder direkt auf die Leseleitung schaltet. Wird der Befehl INP(xxx) jetzt aktiv, dann kann der eingelesene Wert nur vom adressierten Melder stammen. Entsprechend unserer Schaltungslogik ergibt BESETZT einen Massepegel, wodurch der invertierende Transistor sperrt und am LPT-PIN11 +5 V erzeugt. Lassen Sie sich den Pegelwechsel am besten mit den Basic-Befehlen a$ = INP(xxx): PRINT a$ auf dem Bildschirm anzeigen.

Das bedeutet, daß unsere Scartleitung 19 für eine Weiterführung der DO-Out/DO-In-Kettung zur Verfügung steht. Achtung: Während die Leseleitung 20 wie ein BUS durch die Anlage läuft und die Besetztmeldungen durch Adressierung aufgeschaltet werden, wird die Ausgabe ständig unterbrochen, um weitere Register bestehend aus dem CMOS 4094 einfügen zu können. Die Taktleitungen STROBE und CLOCK nutzen die Scartanschlüsse 9 und 10. Auch sie bilden einen BUS und laufen ohne Unterbrechung durch die Anlage.

STÜCKLISTE PC-BASISPLATINE:

5 Dioden	1N 5400	4 Treiber	ULN 2803
3 Dioden	1N 4001	2 Lötschraubklemmen	3-polig 5 mm
4 Dioden	1N 4148	1 Scartprintbuchse	21-polig
3 Elkos	2,2 µF/6 V	1 Sub-D-Printstecker	15-polig
1 Elko	22 µF/25 V	1 Transistor	BC 547
1 Festspannungsregler	µA 7806	3 Widerstände	470 Ohm/0,25 W
3 IC-Sockel	8-polig	3 Widerstände	4,7 kOhm/0,25 W
4 IC-Sockel	16-polig	1 Widerstand	10 kOhm/0,25 W
4 IC-Sockel	18-polig		
4 CMOS	4094	1 PC-Anschlußkabel 25-polig auf 15-polig	
2 Schmitt-Trigger	NE 555		

34. Hardware und Software

Die PC-Basis-Platine gibt 4 x 8 Bits aus. Neben den schon erwähnten Möglichkeiten, kann man jeweils sieben Ausgänge eines ULN 2803 auf die Eingänge des Streckenreglers von Kapitel 7 am zweiten ULN 2003 – Widerstandsarray 8 + 1 (8 x 10 kOhm mit gemeinsamem neunten Anschluß zur Versorgungsspannung) – aufschalten. Die gesamte AUF-/AB- Zählerelektronik entfällt dabei. Der achte Ausgang von der PC-Basis steuert direkt das Richtungsrelais.

Hier bekommt man bereits einen Einblick, wie einfach die verbleibenden Leistungsstufen aufgebaut werden können, wenn der Computer das Setzen der Pegel übernimmt. Für unseren Plusminusregler ist der Aufwand ähnlich gering. Entscheidend ist in jedem Fall nur die Position des Datenwertes in der Schieberegisterkette und die Drahtverbindung zum Leistungsteil. Im QBASIC-Programm wurden diese Daten mit w01, w02, w03 usw. bezeichnet. Dabei muß der Programmierer festlegen, welcher Wert mit welchem Bit der Hardware verbunden ist. Logisch wäre, wenn w01 der Fahrstufe 1, w02 der Fahrstufe 2 usw. entspricht. Bei 64 Stufen ergibt das STOPP, wenn alle Werte mit NULL gesendet werden, und volle Fahrt, wenn alle Werte w01 bis w06 auf EINS stehen.

W08 bestimmt die Rückwärtsfahrt. W07 ergibt am Gleichspannungs-Streckenregler den Bereich mit Langsamfahrstufen oder der Start-Stopp-Funktion. Der Universalfahrregler nimmt dagegen den Wert w07

```
 10 INPUT V1                          Verzögerungswert eingeben: 0 bis xxxxx
100 OUT 956,1: GOSUB 998              Wert 8 (EIN) ausgeben : Sprung nach 998
101 OUT 956,1: GOSUB 998              Wert 7 (EIN) ausgeben : Sprung nach 998
102 OUT 956,0: GOSUB 998              Wert 6 (AUS) ausgeben: Sprung nach 998
103 OUT 956,0: GOSUB 998              Wert 5 (AUS) ausgeben: Sprung nach 998
104 OUT 956,1: GOSUB 998              Wert 4 (EIN) ausgeben : Sprung nach 998
105 OUT 956,0: GOSUB 998              Wert 3 (AUS) ausgeben: Sprung nach 998
106 OUT 956,1: GOSUB 998              Wert 2 (EIN) ausgeben : Sprung nach 998
107 OUT 956,w1: GOSUB 998             Wert 1 (0/1) ausgeben : Sprung nach 998
200 OUT 958,5: OUT 958,4: GOSUB 998   STROBE-Impuls speichert alle Werte ab

980 IF W1 = 1 THEN W1 = 0: GOTO 100   Wenn W1 EIN ist, dann W1 ausschalten
981 IF W1 = 0 THEN W1 = 1             Wenn W1 AUS ist, dann W1 einschalten
990 GOTO 100                          Sprung zur Zeile 100 : Ausgabebeginn
998 OUT 958, 12: OUT 958,4            CLOCK-Impuls
999 FOR T = 1 TO V1: NEXT T: RETURN   Verzögerung je nach Eingabewert V1
```

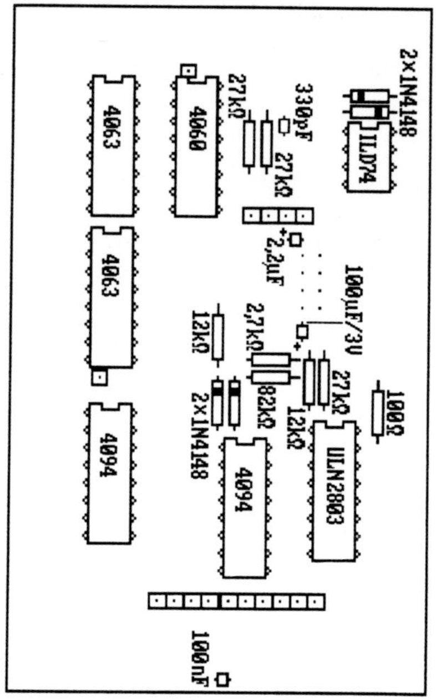

Abb. 50b Bestückungsansicht
Abb. 50a – links – PCA1-Ätzvorlage

als exakte Definition der Vorwärtsfahrt, wobei w08 dann natürlich AUS sein muß! Ist weder w07 noch w08 auf EIN, dann ist die Leistungsendstufe abgeschaltet. Mit w07 und w08 auf EIN gelangen wir in den Digitalmodus. So erhalten wir zum DIGIT 81 einen BOOSTER, der aus der positiven und negativen Versorgungsspannung digitale Fahrspannung erzeugt.

Das kleine Testprogramm gibt acht Bits in einem ständigen Umlauf ab. Der OUT auf der Grundadresse (956) sendet feste Werte mit der Folge 1, 1, 0, 0, 1, 0 und 1. Der letzte Wert w1 wechselt mit jedem Durchlauf. Eine angeschlossene LED – direkt am CMOS4094-PIN4 oder am nachgeschalteten Treiber – geht AN und AUS. Mit V1=0 dürfte kein Blinken zu erkennen sein. Nur die Helligkeit ist gegenüber den anderen LEDs verringert.

Die Geschwindigkeit des Programmablaufes ist von der Verarbeitungsrate des Prozessors abhängig. Je größer die Eingabe für V1 ist, um z.B. eine Blinkrate von 1 Hz zu erreichen, desto schneller ist der benutzte Computer. Achtung: für jedes 4094-Register sind acht OUT-Befehle zu senden. Die Huckepackplatine PCA1 besitzt sechszehn Speicherplätze. Werden sie mit dem Testprogramm betrieben, dann werden in

STÜCKLISTE PCA1:

4 Dioden	1N 4148
1 Elko	2,2 µF/6 V
1 Elko	100 µF/3 V
1 IC-Sockel	8-polig
5 IC-Sockel	16-polig
1 IC-Sockel	18-polig
1 Kondensator	339 pF/63 V
1 Kondensator	100 nF/63V
2 Trimmpotis	100 kOhm 10 mm
1 Widerstand	100 Ohm/0,25 W
1 Widerstand	2,7 kOhm/0,25 W
2 Widerstände	12 kOhm/0,25 W
1 Widerstand	82 kOhm/0,25 W
1 CMOS	4060
2 CMOS	4063
2 CMOS	4094
1 Optokoppler	ILD 74
1 Treiber	ULD 2803
2 Buchsenleisten	1-polig
1 Buchsenleiste	4-polig
1 Buchsenleiste	10-polig

Montagehinweis: Achtung, die Trimmpotis werden auf der Leiterbahnseite montiert! Die Lötpositionen sind durch 3 x 2 bzw. 3 x 3 Striche gekennzeichnet.

beiden Schieberegistern die gleichen acht Werte abgelegt. Während Bit 7 und Bit 8 im ersten 4094 den Digitalmodus am Universalfahrregler einschalten, setzen Bit 15 und Bit 16 die nach außen führenden Anschlüsse auf Masse. Auf diese Weise lassen sich neben dem Fahrwert in der ersten Speichergruppe Weichen und Signale stellen. Die Werte w09 und w10 haben allerdings noch einen Einfluß auf die Fahrspannung. Um den PCA1 richtig anzusteuern, müssen 16 x OUTxxx,wy gesendet werden. Bisher wurde der Plusminusregler nur mit Impulsen betrieben. Er kann aber auch die Spannungshöhe verändern. Da wir schon ein reines Gleichstromgerät haben, wurde hier nur eine Bremse eingebaut, bei der mit w10 die Höhe der digitalen Fahrspannung oder die Impulsspannung langsam heruntergefahren wird. Bei Stopp mit w09 wird schneller auf eine noch tiefere Spannung abgesenkt. Die Schaltung greift hier direkt auf die Eingangsspannung der Endstufe zu. Der ILD 74 wirkt wie ein veränderbarer Lastwiderstand nach Masse. Dazu wird die LED im Optokoppler gerade im untersten Bereich betrieben. Die 27 kOhm bestimmen den Arbeitspunkt, bei dem die Transistoren des Optokopplers gerade zu leiten beginnen. Über w09 und w10 werden einstellbare Ströme dazugeschaltet, wobei die Änderung durch den 100-µF-Elko schön langsam erfolgt.

Dadurch sind wir in der Lage, eine Digitallok langsam vor einem Signal abzubremsen und sanft zu beschleunigen, ohne die Digitaladresse dieser Lok anzusprechen.

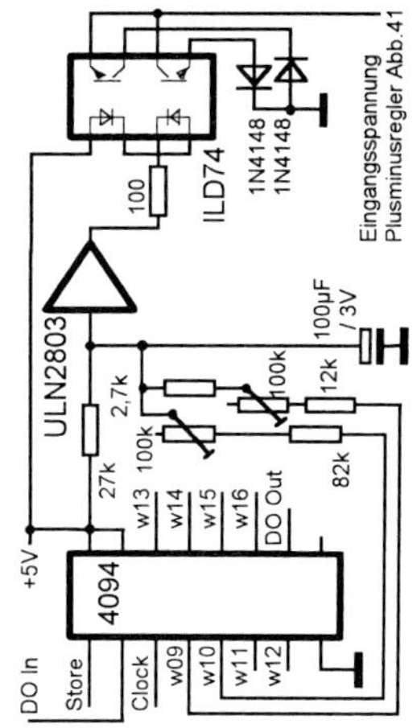

Abb. 50c PC-gesteuertes Bremsen und Anfahren

35. Haben Sie noch Fragen?

Es wäre nicht normal, wenn Sie, lieber Leser, jetzt keine Fragen hätten. Dafür ist das Thema „Modelleisenbahn“ an und für sich schon zu umfangreich. Die Elektronik hat dank neuer Komponenten und Techniken auch immer wieder etwas Neues zu bieten. Kommt dann der Computer zum Einsatz, erscheinen alle Lösungsmöglichkeiten noch einmal in einem ganz anderen Licht.

Viele Fragen erledigen sich meist von selbst. Handelt es sich jedoch um echte Probleme bei einer praktischen Anwendung, dann wäre es schlecht, wenn Sie jetzt alleine gelassen werden. In der Redaktion des Bechtermünz Verlages sitzen jedoch nur Mitarbeiter, die mein Know-How in die richtige Form gebracht haben. Es hat also keinen Sinn, dort anzurufen.

Die beschriebenen Schaltungen mit der sinnvollen Platinentechnik müssen Sie natürlich nicht benutzen. Die Elektronikkomponenten lassen sich in den meisten Fällen auf Experimentierplatinen aufbauen. Dies gilt speziell, wenn nur eine einzige Schaltung angefertigt werden soll. Die Ätzvorlagen können bedingt durch die Herstellung der Buchseiten Verzerrungen aufweisen.

Aus den erwähnten Gründen können Sie mich, Ihren Autor, wie schon in den letzten Jahren abends anrufen. Als sinnvoll haben sich die Abende am Samstag und Sonntag für ein Telefonat bewährt. Tel. 07544-4464

Schriftliche Anfragen sind nur in den seltensten Fällen nützlich, da hier die Rückfragen zur Klärung eines Problems nicht gestellt werden können! Wollen Sie mir trotzdem schreiben, dann legen Sie bitte einen ausreichend frankierten Rückumschlag bei! Anschrift: Wolfgang Horn, Postfach 1103, 88669 Markdorf

Wenn Sie die beschriebenen Platinen verwenden möchten und diese nicht selbst anfertigen können, werde ich Ihnen auch hierbei helfen und die gewünschten Platinen – geätzt und gebohrt – an Sie ausliefern. Die Preise liegen je nach Größe zwischen 5 und 10 Euro. Alle Schaltungen sind nach bestem Wissen erstellt und geprüft. Trotzdem können immer wieder Fehler auftauchen. Eine Garantie bzw. eine juristische Verantwortung oder Haftung in irgendeiner Form für Folgen, kann nicht übernommen werden.

Sollten Sie Fehler entdecken, so bin ich für eine entsprechende Mitteilung dankbar.

Elektronikteile – auch Bausätze – kann ich leider nicht liefern. Für Lieferungen gibt es diverse Elektronik-Versandhäuser. Telefonnummern finden Sie in den Branchenfernsprechbüchern oder im Internet. Ich wünsche Ihnen viel Spaß beim Umsetzen der Schaltungsvorschläge in die Praxis.

Ihr Autor Wolfgang Horn